人工智能与
人类未来丛书

DEEPSEEK
ESSENCE OF
PRACTICAL SKILLS

DeepSeek
实战技巧精粹

Excel Home 著

北京大学出版社
PEKING UNIVERSITY PRESS

内 容 简 介

中国的 AI 技术逆势崛起，催生了 DeepSeek 这样革命性的大模型。本书通过 100 多个实例，详细介绍了 DeepSeek 的最新功能及在职场办公方方面面的应用。

全书以"技术赋能"为主线，围绕 6 大核心领域展开：DeepSeek 基础知识、DeepSeek 赋能智能办公、使用 DeepSeek 进行短视频与营销内容创作、DeepSeek 辅助家庭教育与学习力提升、使用 DeepSeek 进行健康管理与出行规划、国产 AI 大模型应用介绍。

本书适合职场人士、内容创作者、教育工作者及 IT 技术人员阅读。

图书在版编目（CIP）数据

DeepSeek实战技巧精粹 / Excel Home著. -- 北京：北京大学出版社，2025. 4. -- ISBN 978-7-301-36157-3

Ⅰ. TP18

中国国家版本馆CIP数据核字第202558XK86号

书　　　名	DeepSeek实战技巧精粹	
	DeepSeek SHIZHAN JIQIAO JINGCUI	
著作责任者	Excel Home　著	
责 任 编 辑	杨　爽	
标 准 书 号	ISBN 978-7-301-36157-3	
出 版 发 行	北京大学出版社	
地　　　址	北京市海淀区成府路205号　100871	
网　　　址	http://www.pup.cn　新浪微博：@北京大学出版社	
电 子 邮 箱	编辑部 pup7@pup.cn　总编室 zpup@pup.cn	
电　　　话	邮购部 010-62752015　发行部 010-62750672　编辑部 010-62570390	
印 刷 者	北京宏伟双华印刷有限公司	
经 销 者	新华书店	
	880毫米×1230毫米　32开本　8.5印张　301千字	
	2025年4月第1版　2025年4月第1次印刷	
印　　　数	1-8000册	
定　　　价	79.00 元	

未经许可，不得以任何方式复制或抄袭本书之部分或全部内容。

版权所有，侵权必究

举报电话：010-62752024　电子邮箱：fd@pup.cn

图书如有印装质量问题，请与出版部联系。电话：010-62756370

夯实智能基石，共筑人类未来

人工智能正在改变当今世界。

从量子计算到基因编辑，从智慧城市到数字外交，人工智能不仅重塑着产业形态，还改变着人类文明的认知范式。在这场智能革命中，我们既要有仰望星空的战略眼光，又要具备脚踏实地的理论根基。北京大学出版社策划的"人工智能与人类未来"丛书，恰如及时春雨，无论是理论还是实践，都对这次社会变革有着深远影响。

本套丛书最鲜明的特色在于其能"追本溯源"。当业界普遍沉迷于模型调参的即时效益时，《人工智能大模型数学基础》等著作系统梳理了线性代数、概率统计、微积分等人工智能相关的计算脉络，将卷积核的本质解构为张量空间变换，将损失函数还原为变分法的最优控制原理……这种将技术现象回归数学本质的阐释方式，不仅能让读者的认知框架更完整，还为未来的创新突破提供了可能。

书中独创的"数学考古学"视角，能够带读者重走高斯、牛顿等先贤的思维轨迹，在微分流形中理解 Transformer 模型架构，在泛函空间里参悟大模型的涌现规律。

在实践维度，本套丛书开创了"代码即理论"的创作范式。《人工智能大模型：动手训练大模型基础》等实战手册摒弃了概念堆砌，直接使用 PyTorch 框架下的 150 余个代码实例，将反向传播算法具象化为矩阵导数运算，使注意力机制可视化作概率图模型。在《DeepSeek 源码深度解析》中，作者团队细致剖析了国产大模型的核心架构设计，从分布式训练中的参数同步策略，到混合专家系统的动态路由机制，每个技术细节都配有工业级代码实现。这种"庖丁解牛"式的技术解密，使读者既能把握技术全貌，又能掌握关键模块的实现精髓。

本套丛书着眼于中国乃至全世界人类的未来。当全球算力竞赛进入白热化

阶段，《Python大模型优化策略：理论与实践》系统梳理了模型压缩、量化训练、稀疏计算等关键技术，为突破"算力围墙"提供了方法论支撑。《DeepSeek图解：大模型是怎样构建的》则使用大量的可视化图表，将万亿参数模型的训练过程转化为可理解的动力学系统，这种知识传播方式极大地降低了技术准入门槛。

这些创新不仅呼应了"十四五"规划中关于人工智能底层技术突破的战略部署，还为构建自主可控的技术生态提供了人才储备。

作为人工智能发展的见证者和参与者，笔者非常高兴地看到本套丛书的三重突破：在学术层面构建了贯通数学基础与技术前沿的知识体系；在产业层面铺设了从理论创新到工程实践的转化桥梁；在战略层面响应了新时代科技自立自强的国家需求。它既可作为高校培养复合型人工智能人才的立体化教材，又可成为产业界克服技术瓶颈的参考宝典，此外，还可成为现代公民了解人工智能的必要书目。

站在智能时代的关键路口，我们比任何时候都更需要这种兼具理论深度与实践智慧的启蒙之作。愿本套丛书能点燃更多探索者的智慧火花，共同绘制人工智能赋能人类文明的美好蓝图。

于剑

北京交通大学人工智能研究院院长

交通数据分析与挖掘北京市重点实验室主任

中国人工智能学会副秘书长兼常务理事

中国计算机学会人工智能与模式识别专委会荣誉主任

前言

衷心感谢您选择《DeepSeek 实战技巧精粹》。

本书由 Excel Home 组织编写,是一部以 DeepSeek 实战应用为核心的 AI 使用教程,介绍了 AI 技术在普通人的日常生活、工作、学习中的创新应用。期待本书能助您将 AI 转化为得力的数字助手,在智能浪潮中抢占先机。

◆ 本书约定

书中介绍键盘和鼠标的操作时都使用标准术语表述:"指向""单击""右击""拖动""双击""选中"等,读者可以很清楚地理解它们的含义。组合键指令以尖括号标注,如 <Ctrl+F3> 表示同时按下 Ctrl 键和 F3 键。

◆ 本书结构

全书分为 6 篇(12 章),共 104 个技巧。

第 1 篇　基础篇:轻松上手 DeepSeek 全攻略

介绍 DeepSeek 注册流程、API 的获取与调用、DeepSeek 的使用方法和技术细节,同时介绍提示词的作用和认识误区,并提供常用提示词框架和模板,帮助用户快速上手获得理想的结果。

第 2 篇　效率倍增篇:DeepSeek 赋能智能办公

介绍 DeepSeek 在智能办公中的应用,包括自动生成常用图表、报告,自动进行合同评估、会议纪要整理、多语种翻译、Excel 数据分析、电子发票整理,以及快速制作 PPT 等,全面提高办公效率。

第 3 篇　新媒体引擎:短视频与营销内容创作指南

介绍 DeepSeek 在文案创意生成与短视频制作中的应用,帮助用户在新媒体平台上快速吸引目标受众的关注,持续提升内容吸引力、互动率和转化效果。

第 4 篇　智慧成长篇:家庭教育与学习力提升方案

探索 DeepSeek 在学科辅导、思维训练、亲子互动及学习规划中的应用,提供完善的个性化教育解决方案。

第 5 篇　智享生活:健康管理与出行规划系统

主要介绍 DeepSeek 在健康管理与行程规划中的应用,优化生活体验。

第 6 篇　百花齐放:国产 AI 大模型

介绍通义千问、秘塔 AI 搜索等国产优秀 AI 大模型的典型应用。

◆ 写作团队

本书由周庆麟组织策划，第1章、第3章～第12章由祝洪忠编写，第2章由周庆麟编写，由周庆麟完成统稿。

Excel Home 作者团队的多位老师对本书内容进行了审校，主要包括：王鑫、刘晓月、苏雪娣、张建军。

◆ 感谢

Excel Home 论坛管理团队和培训团队长期以来是 Excel Home 图书质量的保障，他们是 Excel Home 中最可爱的人，在此向这些最可爱的人表示由衷的感谢。

衷心感谢 Excel Home 论坛的 500 余万会员，是他们多年来不断的支持与分享，营造了热火朝天的学习氛围，并成就了今天的 Excel Home 系列图书。

衷心感谢 Excel Home 新媒体（微信公众号、微信视频号、抖音、今日头条、小红书、新浪微博）的所有关注者，你们的"赞"和"分享"是我们不断前进的动力。

◆ 后续服务

在本书的编写过程中，虽然每一位团队成员都未敢稍有疏虞，但纰缪和不足之处仍在所难免，敬请读者提出宝贵的意见和建议，您的反馈将是我们继续努力的动力，本书的后继版本将更臻完善。

您可以访问 https://club.excelhome.net，我们开设了专门的版块用于本书的讨论与交流。您也可以发送电子邮件到 book@excelhome.net，我们将尽力为您服务。同时，欢迎您关注我们的官方微博（@Excelhome）和微信公众号（iexcelhome），我们会每日更新优质的学习资源和实用的 Office 技巧，并与大家进行交流。

本书提供视频教程+500个AI有效提问示例，扫描下方二维码，输入本书77页资源提取码即可获得。

Excel Home

第一篇 基础篇：轻松上手 DeepSeek 全攻略

第 1 章
DeepSeek 初探：从注册到畅用 002

- 技巧 01　官网注册与核心功能速览　003
- 技巧 02　移动端操作技巧解析　004
- 技巧 03　获取 DeepSeek API 密钥　005
- 技巧 04　在 Chatbox AI 中使用 DeepSeek　010
- 技巧 05　在 ima.copilot 中使用 DeepSeek　013
- 技巧 06　在 WPS 灵犀中使用 DeepSeek　015

| 技巧 07 | 专注办公应用的 WPS AI 016 |
| 技巧 08 | 将 DeepSeek 接入 Excel、Word 和 WPS 017 |

第 2 章

高效提示词：技巧与模板 021

技巧 01	提示词的 3 大核心作用 022
技巧 02	写提示词的 4 大误区 024
技巧 03	提示词的 5 个常见框架与 4 大基本原则 028
技巧 04	10 个常用的提示词模板 033

第 2 篇 效率倍增篇：DeepSeek 赋能智能办公

第 3 章

DeepSeek 图表大师：一键生成专业图表 038

技巧 01	思维导图：快速梳理知识结构 039
技巧 02	甘特图：项目管理可视化利器 045
技巧 03	流程图：复杂流程的极简呈现 047
技巧 04	组织结构图：层级关系可视化 048
技巧 05	动态组合数据图表 054
技巧 06	桑基图：资源流向动态追踪 057
技巧 07	旭日图：数据分层拆解 059

目 录

- 技巧 08　雷达图：能力评估坐标系搭建　061
- 技巧 09　根据图片中的信息生成图表　062
- 技巧 10　解读图表信息　066

第 4 章
DeepSeek 写作大师：从创作到排版　068

- 技巧 01　万字长文框架生成　069
- 技巧 02　公司年报智能摘要与分析　072
- 技巧 03　专业级文本润色优化　074
- 技巧 04　借助 DeepSeek 为 Word 文档排版　077
- 技巧 05　将会议记录转成标准会议纪要　077
- 技巧 06　根据知识库内容生成题目　080
- 技巧 07　核对合同内容是否变更　082
- 技巧 08　评估和预警合同风险　083
- 技巧 09　生成领导发言稿　086
- 技巧 10　根据销售数据生成销售分析报告　088
- 技巧 11　根据日程表生成设备检修计划　092
- 技巧 12　轻松改变文字内容的风格　094
- 技巧 13　批量转换 .docx 格式为 .pdf 格式　096

第 5 章
DeepSeek 数据大师：Excel 效率革命　099

- 技巧 01　借助 DeepSeek 生成常用 Excel 函数的功能描述表　100

技巧 02	借助 DeepSeek 生成常用 Excel 快捷键表格 102
技巧 03	借助 DeepSeek 根据描述自动生成 Excel 公式 104
技巧 04	借助 DeepSeek 根据需求生成 Excel 公式 106
技巧 05	借助 DeepSeek 解读 Excel 公式 108
技巧 06	借助 DeepSeek 对 Excel 公式进行纠错 110
技巧 07	借助 DeepSeek 设置 Excel 条件格式 111
技巧 08	借助 DeepSeek 根据显示效果反查实现步骤 117
技巧 09	借助 DeepSeek 生成 VBA 代码，完成工作表拆分 119
技巧 10	借助 DeepSeek 细化计算需求，提高 VBA 代码适用性 123
技巧 11	借助 DeepSeek 合并多个 Excel 工作簿 124
技巧 12	借助 DeepSeek 修改和解读 VBA 代码 127
技巧 13	借助 DeepSeek 解读公司薪资体系 128
技巧 14	借助 DeepSeek 整理电子发票 130
技巧 15	借助 DeepSeek 解读资产负债表 132
技巧 16	借助 DeepSeek 核验损益表中的问题 136
技巧 17	借助 DeepSeek 解读损益表 138
技巧 18	借助 DeepSeek 根据财务数据自动生成财务报表 141
技巧 19	借助 DeepSeek 将固定资产卡片转换为表格 143
技巧 20	借助 DeepSeek 自动生成产品质量检测报告 144
技巧 21	借助 DeepSeek 将文本内容转换为表格 145
技巧 22	借助 DeepSeek 统计员工考勤数据 146
技巧 23	借助 DeepSeek 解读员工离职数据 148

目 录

第 6 章
DeepSeek 演示大师：PPT 智能设计 151

技巧 01　DeepSeek+ 通义千问，根据现有文档制作 PPT 152

技巧 02　DeepSeek+ 通义千问，迅速优化 PPT 157

技巧 03　DeepSeek+WPS 灵犀，根据主题自动生成 PPT 160

第 7 章
DeepSeek 职场助手：从招聘到管理 163

技巧 01　根据岗位需求表格生成招聘简章 164

技巧 02　使用 DeepSeek 写简历，提高应聘成功率 166

技巧 03　将口语化内容转为标准化商务邮件 168

技巧 04　制作问卷调查表 169

技巧 05　问卷调查分析 170

技巧 06　生成年会抽奖器 172

技巧 07　设计排班表 174

技巧 08　生成内容摘要 175

技巧 09　进行多语种翻译 177

技巧 10　从身份证号码中提取关键信息 178

技巧 11　从收件人信息中提取姓名、电话和地址 180

技巧 12　补全地址中的省、市、区（县）信息 181

第3篇 新媒体引擎：
短视频与营销内容创作指南

第8章
新媒体引擎：短视频与营销内容创作指南 184

- 技巧 01　制作抖音、小红书短视频封面 185
- 技巧 02　使用 DeepSeek+ 即梦 AI 生成海报 187
- 技巧 03　使用 DeepSeek+ 通义万相生成 AI 视频 190
- 技巧 04　生成抖音分镜脚本 192
- 技巧 05　生成朋友圈推广文案 193

第4篇 智慧成长篇：
家庭教育与学习力提升方案

第9章
亲子互动宝典：学习与游戏 196

- 技巧 01　生成 20 以内的加减法练习题 197
- 技巧 02　生成带拼音的生字表 198
- 技巧 03　生成生字卡 198
- 技巧 04　生成"反义词消消乐"小游戏 200

技巧 05	借助 DeepSeek 背单词 201
技巧 06	设计家庭互动游戏 204
技巧 07	生成小学生手抄报模板 205

第 10 章

学业加速器：规划与提升 208

技巧 01	使用 DeepSeek 量身定制学习规划 209
技巧 02	使用 DeepSeek 做试题知识点总结 210
技巧 03	使用 DeepSeek 解读古诗词 211
技巧 04	使用 DeepSeek 批改作文 213
技巧 05	使用 DeepSeek 拍照解题 214
技巧 06	使用 DeepSeek 生成读后感 216
技巧 07	使用 DeepSeek 设计跨学科课程 217
技巧 08	使用 DeepSeek 设计小学生必背诗词游戏 220
技巧 09	使用 DeepSeek 按学科生成模拟试卷 223

第 5 篇 智享生活：
健康管理与出行规划系统

第 11 章

智享生活：健康管理与出行规划 225

| 技巧 01 | 生成就诊检查注意事项 226 |

技巧 02	设计健康食谱 227
技巧 03	解读医学检验报告单 230
技巧 04	量身定制健身计划 232
技巧 05	规划旅游行程 234

第 6 篇 **百花齐放：国产 AI 大模型**

第 12 章

国产 AI 新势力：应用案例集锦 238

技巧 01	使用通义千问实时记录会议内容 239
技巧 02	使用通义千问将音视频内容转为文字、总结和脑图 242
技巧 03	使用通义千问快速转换图片和 PDF 文档 245
技巧 04	使用秘塔 AI 搜索查询专业问题 249
技巧 05	使用秘塔 AI 搜索快速生成报告 251

01 第一篇 基础篇：
轻松上手 DeepSeek 全攻略

　　DeepSeek 是一款优秀的国产 AI 工具，不仅能够通过自然语言对话快速解答问题，帮助用户生成高质量的文章或报告，还能够对数据进行分析，生成可视化图表或总结，帮助用户规划日程、管理时间、收集学习资料、解答学术问题等。

　　与引进的 AI 工具相比，DeepSeek 能够精准把握中文语义、语法和语境，生成的内容更符合中文表达习惯。无论是进行诗词创作、文学作品润色，还是处理专业领域中的中文文档，DeepSeek 都展现出了卓越的性能。

　　与传统 AI 应用不同，DeepSeek 依托独特的算法和模型架构，在回答质量上有极大的提升。例如，面对复杂问题时，DeepSeek 能够快速分析问题的关键要点，调动其知识储备，给出准确、详细且富有逻辑的回答。

　　总之，DeepSeek 既是一个可以轻松上手的 AI 工具，又是一个可以深度定制、灵活应对各种任务的强大助手。

第 1 章

DeepSeek 初探：
从注册到畅用

本章将介绍 DeepSeek 的注册流程及使用方法，旨在帮助读者快速掌握相关操作技巧。

本章的主要内容

- ◆ 技巧 1 官网注册与核心功能速览
- ◆ 技巧 2 移动端操作技巧解析
- ◆ 技巧 3 获取 DeepSeek API 密钥
- ◆ 技巧 4 在 Chatbox AI 中使用 DeepSeek
- ◆ 技巧 5 在 ima.copilot 中使用 DeepSeek

……

技巧 01　官网注册与核心功能速览

使用浏览器（微软 Edge、谷歌浏览器等）搜索 DeepSeek，进入官网，单击【开始对话】按钮，如图 1-1 所示，即可开始与 DeepSeek 对话。

图 1-1　DeepSeek 官方网站

首次使用时需要进行注册，如图 1-2 所示。

图 1-2　新用户注册

可以使用手机号码或者微信进行注册。完成注册后，进入如图 1-3 所示的页面，就能与 DeepSeek 愉快地交流了。

DeepSeek 对话框左下角有【深度思考（R1）】和【联网搜索】两个选项。选中【深度思考（R1）】时，将启用 DeepSeek 特有的逻辑推理功能，获得质量更高的回复；选中【联网搜索】时，DeepSeek 会给出参考了联网搜索到的相关信息的回复。

单击 DeepSeek 对话框右下角的上传文件按钮 ⓞ，可以上传各类文件。选中【联网搜索】时，上传文件按钮将处于灰色状态（不可用状态）。

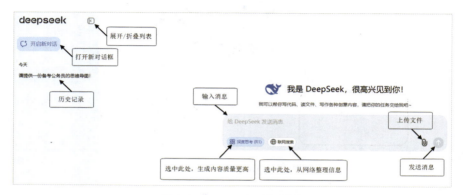

图 1-3　DeepSeek 对话界面

技巧 02　移动端操作技巧解析

如果需要在手机上使用 DeepSeek，可以先使用电脑进入 DeepSeek 官网首页，将光标移至"获取手机 App"区域，扫描自动出现的二维码下载 DeepSeek App，如图 1-4 所示。

图 1-4　获取手机 App

此外，也可以在手机应用商店搜索下载 DeepSeek App。首次使用 DeepSeek App 时，按提示进行注册、登录即可，登录后界面如图 1-5 所示。

图 1-5　DeepSeek App

技巧 03　获取DeepSeek API密钥

DeepSeek 官网或 App 经常由于访问量过大而出现"服务器繁忙，请稍后再试"的提示。为了更顺畅地使用 DeepSeek，我们可以考虑使用 API 进行访问。

API 是和 DeepSeek 网络服务进行连接的"通行证"，获取 API 以后，用户可以在各种第三方应用中使用 DeepSeek。

因为 DeepSeek 是开源 AI 产品，所以目前不但 DeepSeek 官方提供 API，很多专业的云平台和 AI 服务商也提供其 API。

获取DeepSeek官方API

进入 DeepSeek 官网，单击页面右上角的【API 开放平台】命令，如图 1-6 所示，即可进入 DeepSeek 的 API 开放平台。

图 1-6　API 开放平台

按提示进行注册、登录后，先单击页面左侧窗格中的【API keys】选项，再单击右侧界面中的【创建 API key】按钮，随后在弹出的对话框中输入自定义的 API 名称，最后单击【创建】按钮，如图 1-7 所示。

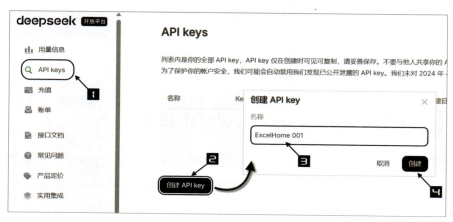

图 1-7　创建 API key

弹出如图 1-8 所示的对话框后，单击【复制】按钮，将 API key 复制后粘贴在记事本中，保存备用。

图 1-8 复制 API key

单击页面左侧窗格中的【充值】选项,先按提示完成实名验证,再充值,如图 1-9 所示。需要注意的是,充值金额仅用于调用 API 服务,网页对话及 App 对话是免费使用的,不需要充值。

图 1-9 充值

通过第三方服务商获取API

目前,国内外都有大量的服务商提供 DeepSeek 的 API 服务,比如阿里云、腾讯云、火山云、百度智能云、硅基流动,不同的厂商还会为初次注册的用户赠送不同数量的 API 免费额度。下面分别以硅基流动和百度智能云为例介绍如何获取 API。

访问硅基流动官网，单击页面右上方的【Log in】按钮（登录按钮），如图 1-10 所示，按提示完成注册。

图 1-10 【Log in】按钮

单击页面左侧窗格中的【API 密钥】选项后，先在右侧界面中单击【新建 API 密钥】按钮，在弹出的【新建密钥】对话框中输入自定义的密钥描述，最后单击【新建密钥】按钮，如图 1-11 所示。

图 1-11 新建密钥

完成以上操作后会自动创建一个密钥，单击密钥，即可将其复制到剪贴板，如图 1-12 所示。将密钥粘贴到记事本中进行保存。

图 1-12 复制密钥

如果需要获取百度智能云 API，可以用电脑访问百度智能云官网，先单击页面右上方的登录按钮，按提示完成注册，再单击页面中心位置的【立即体验】按钮，如图 1-13 所示，进入智能云控制台。

图 1-13　百度智能云【立即体验】

单击页面左侧窗格中的【API Key】选项,在弹出的页面中单击【创建 API Key】按钮,如图 1-14 所示。

图 1-14　创建 API Key

在弹出的【创建 API Key】页面中设置服务类型为【千帆 ModelBuilder】、资源权限为【所有资源】后,单击【确定】按钮。弹出【新的 API Key】窗口后,单击【复制】按钮,如图 1-15 所示。为了便于在后续的配置过程中继续使用,可将 API Key 粘贴到记事本中进行保存。

完整的 API 信息包括 API Key、API 网址和模型名称。API Key 是每个用户独有的,使用过程中注意不要泄露给其他人;API 网址和模型名称是公开的,可以在各服务商处查询,后文会对此进行详细介绍。

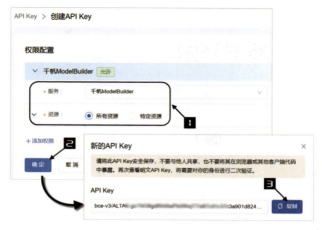

图 11-5　创建新的 API Key

需要注意的是，因为不同服务商的服务质量及用户使用量有较大差异，所以在同一时间内，不同 API 的响应速度是有差异的，读者可以根据实际情况切换使用不同服务商的 API。

技巧 04　在 Chatbox AI 中使用 DeepSeek

Chatbox AI 是一款 AI 客户端应用，不仅可以对接包括 DeepSeek 在内的多个 AI 的 API，还可以在 Windows、MacOS、Android、iOS、Linux 和网页上使用，实现跨平台数据同步。

在浏览器中搜索 Chatbox AI，即可进入官网，下载 Chatbox AI 客户端并安装。首次打开程序时，单击【使用自己的 API Key 或本地模型】按钮，如图 1-16 所示。

图 1-16　选择模型

完成以上操作后，即可在弹出的【设置】对话框中设置 API。

设置从DeepSeek官网获取的API

在【模型提供方】下拉菜单中选择【DEEPSEEK API】选项。

在【API 密钥】编辑框中粘贴从 DeepSeek 官网获取的密钥。

在【模型】下拉菜单中选择【deepseek-reasoner】。此选项主要用于设置推理功能。此模型专注于复杂问题解决与深度推理，适用于数学计算、代码生成、逻辑分析、学术研究等需要严谨推导的场景。

其他设置保持默认，单击【保存】按钮，如图 1-17 所示。

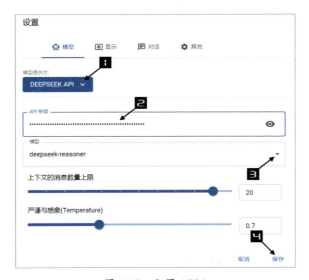

图 1-17　配置 API 1

设置从硅基流动获取的API

在【模型提供方】下拉菜单中选择【SILICONFLOW API】选项。

在【API 密钥】编辑框中粘贴从硅基流动获取的 API 密钥。

在【模型】下拉菜单中选择【deepseek-ai/DeepSeek-R1】选项。

其他设置保持默认，单击【保存】按钮，如图 1-18 所示。

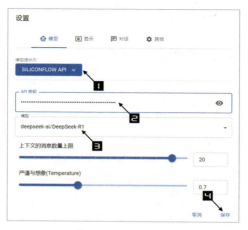

图 1-18　配置 API 2

设置从百度智能云获取的API

在【模型提供方】下拉菜单中选择【添加自定义模型提供方】选项后，在【名称】编辑框中输入【百度千帆】。

在【API 域名】编辑框中输入"https://qianfan.baidubce.com/v2"。

在【API 密钥】编辑框中粘贴从百度智能云获取的 API 密钥。

在【模型】编辑框中输入"deepseek-r1"（注意，此处使用小写字母）。

其他设置保持默认，单击【保存】按钮，如图 1-19 所示。

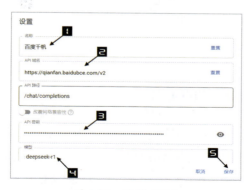

图 1-19　配置 API 3

配置完成后，在页面底部的对话框中输入任意问题，例如，"请问你是谁，可以帮我做什么？"如果 Chatbox AI 能返回正确回复，如图 1-20 所示，说明配置成功。

图 1-20　在 Chatbox AI 中使用 DeepSeek

技巧 05　在ima.copilot中使用DeepSeek

腾讯智能工作台 ima.copilot 内置了腾讯混元大模型及满血版 DeepSeek R1，是 DeepSeek 官网非常好的替代品，目前免费使用。其使用步骤如下。

首先，在 ima.copilot 官网下载并安装客户端。

其次，单击 ima.copilot 首页对话框左下角的模型选择菜单的下拉按钮，即可在弹出的下拉菜单中选择模型。

最后，单击 ▓ 按钮，待弹出登录二维码后使用微信扫码即可登录，如图 1-21 所示。

登录后，就能和使用 DeepSeek 官网一样与 DeepSeek 进行对话了。

图 1-21　在 ima.copilot 首页选择模型

　　ima.copilot 允许用户上传 PDF、DOC、JPEG、PNG 等格式的文件创建、充实个人知识库。先单击页面左侧的知识库按钮,再单击页面右上角的上传按钮,即可上传文件。完成对文件的上传后,在对话框中输入问题,DeepSeek 即可根据当前知识库中的信息检索并生成回复,如图 1-22 所示。

图 1-22　在个人知识库中检索问题

技巧 06　在WPS灵犀中使用DeepSeek

WPS 灵犀是由金山公司提供的 AI 智能办公助手,虽然与 DeepSeek 官网技术同源,但是针对办公应用进行了优化,侧重文档处理,交互更贴合办公流程。二者在权限、数据、隐私处理及企业定制方面存在差异。

我们可以用多种方式使用 WPS 灵犀。

第一种方式是访问 WPS 灵犀官网（https://copilot.wps.cn/）,按提示登录后的页面如图 1-23 所示。

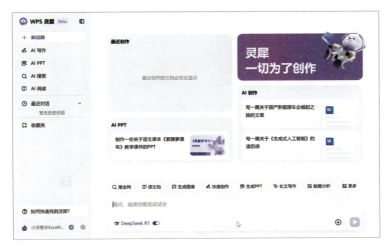

图 1-23　WPS 灵犀官网

目前,所有人都可以免费使用网页版的 WPS 灵犀,不需要购买 WPS 会员。

第二种方式是安装最新版的 WPS Office,启动 WPS Office 后单击页面左侧侧边栏中的 WPS 灵犀按钮,如图 1-24 所示。

图 1-24　WPS Office 中的灵犀按钮

WPS 灵犀按功能分为 AI 写作、AI PPT、AI 搜索和 AI 阅读 4 个模块,对话框上方有搜全网、读文档、生成图像、快速创作、生成 PPT、长文写作、数据分析等多种常用功能的入口，在对话框中输入提示词后就可以与 DeepSeek 对话了。

技巧 07 专注办公应用的WPS AI

2025 年春季更新的 WPS Office 集成了 WPS AI 功能。

以 WPS 表格为例，单击功能区最右侧的【WPS AI】选项卡，可以看到该选项卡下有【AI 数据分析】【AI 写公式】【AI 条件格式】【设置】共计 4 个功能按钮。其中，AI 数据分析为限免功能，AI 写公式和 AI 条件格式为会员可用功能。

如图 1-25 所示，单击【WPS AI】选项卡下的【AI 数据分析】按钮，将弹出【AI 数据分析】窗格。在【AI 数据分析】窗格中，WPS AI 会基于当前数据智能推荐问题，用户可以在页面底部的对话框中输入自定义提示词，与 DeepSeek 进行对话，从而对表格中内容进行处理。

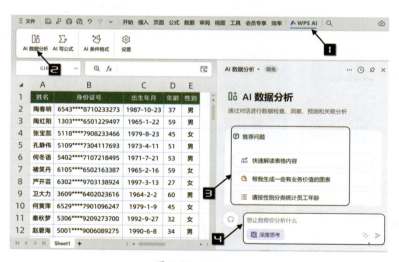

图 1-25　WPS AI

单击【推荐问题】区域的【快速解读表格内容】选项，WPS AI 生成的解读结果包括数据概述、重要指标和关键洞察等内容，如图 1-26 所示。

如果用户需要按自定义的年龄分段统计各年龄段的人数,可以在页面底部的对话框中发送以下提示词。

请按每 5 岁为一个区间,统计各年龄段人数。

WPS AI 生成的统计结果如图 1-27 所示。

图 1-26　数据解读　　　　图 1-27　员工年龄分段统计

WPS AI 总结的年龄分布特征如下。

分布特征
双峰结构:40-45 岁(16 人)和 55-60 岁(15 人)形成两个主要年龄峰
断层现象:45-50 岁区间仅 8 人,较相邻区间锐减 50%
年轻梯队:25-35 岁占比 30%(29 人),有持续的人才引进
高龄员工:60 岁以上 6 人,需要关注未来 3 ~ 5 年的退休人员替补计划

技巧 08　将DeepSeek接入Excel、Word和WPS

易用宝是 Excel Home 开发的一款高效插件,能够满足用户在数据处理与分析过程中的需求,让烦琐的、难以实现的操作变得简单、可行。

在易用宝官网(https://yyb.excelhome.net/)可以下载、安装最新版本的易用

宝，安装完成后，Excel 功能区中会出现【易用宝 plus】和【易用宝】两个选项卡。

如图 1-28 所示，先在【易用宝 plus】选项卡中单击【呼叫 AI】按钮，再在弹出的【易用宝 AI】窗格中单击【设置】按钮，即可弹出【API 设置】对话框。

以绑定从硅基流动官网获得的 API key 为例，完成易用宝 AI 设置。

在【现有 API】的下拉菜单中选择【硅基流动 -DeepSeek-R1】选项。

在【API 密钥】编辑框中粘贴密钥。

单击【保存】按钮，关闭对话框，如图 1-28 所示。

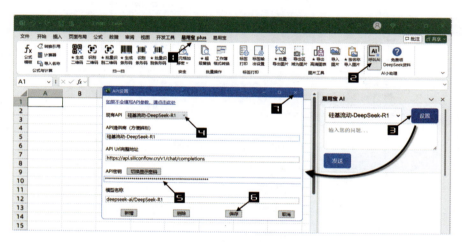

图 1-28　易用宝 AI 设置

设置完成后，即可与 DeepSeek 进行对话。

为了保证数据安全，目前，易用宝不允许 DeepSeek 直接读取、操作工作表。不过，易用宝支持用户先将工作表中的数据复制后粘贴到右侧窗格中，再发送需求提示词。

如图 1-29 所示，被打开的文件是某公司的员工薪资标准表，用户希望借助 DeepSeek 从表中提取出各部门的最低薪资人员。

在界面右侧的【易用宝 AI】对话框中发送以下提示词。

B1:B13 是部门，D1:D13 是薪资标准，请根据 F3 单元格中指定的部门名称，计算该部门平均薪资标准。

图 1-29 发送提示词

发送提示词后,需要稍作等待。DeepSeek 思考结束后,即会在窗格中回复。如果需要将结果粘贴到 Excel 中,可以先单击计划存放结果的单元格,再单击【返回到文档中】按钮,如图 1-30 所示。

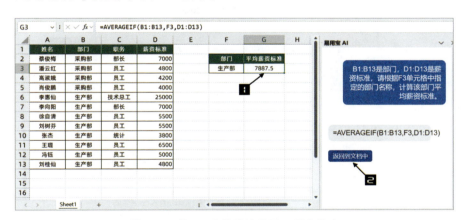

图 1-30 将 AI 生成的结果返回到文档中

安装易用宝后,在 Word 中也能使用 DeepSeek。

例如,需要将 Word 中的一部分内容翻译为英文时,可以先选中需要翻译的段落,再在【易用宝】选项卡中单击【呼叫 AI】选项,最后在界面右侧的【易用宝 AI】对话框中发送以下提示词。

请翻译为英文。

选中【根据选中内容进行处理】复选框后，单击【发送】按钮，如图 1-31 所示。

图 1-31　翻译 Word 文档中的内容

发送提示词后，需要稍作等待。DeepSeek 思考结束后，即会在窗格中回复。如果需要将结果粘贴到 Word 文档中，可以先单击计划存放结果的位置，再单击【返回到文档中】按钮，如图 1-32 所示。

在 WPS 表格和 WPS 文字中的操作方法与之类似，此处不再赘述。

图 1-32　返回到文档中

第 2 章 高效提示词：技巧与模板

提示词（Prompt）是我们和 AI 沟通过程中输入的用于引导 AI 生成特定内容或执行特定任务的关键词。只有使用有效的提示词，才能通过 AI 获得理想的反馈。

提示词是基于自然语言的，大部分使用提示词与 AI 对话的情况和我们生活中的日常对话一样，但是，说话→把话说清楚→高效准确地说话，需要遵循一定的规则，或者使用一些技巧。本章将重点讲解提示词的相关内容。

本章的主要内容

- ◆ 技巧 1 提示词的 3 大核心作用
- ◆ 技巧 2 写提示词的 4 大误区
- ◆ 技巧 3 提示词的 5 个常见框架与 4 大基本原则
- ◆ 技巧 4 10 个常用的提示词模板

技巧 01　提示词的3大核心作用

提示词是我们与 AI 对话时输入的指令或问题，相当于给 AI 的"行动指南"。作为用户与 AI 沟通的"桥梁"，提示词决定着 AI 输出内容的质量和方向，非常重要。

作用1：决定沟通效率

新手向 AI 提问的时候，提示词经常写得很模糊，比如：

> 帮我写一个代码。

此时，AI 可能有如下回复。

> 您需要哪种编程语言？实现什么功能？

如此问答，很容易陷入反复澄清需求的低效循环。

合格的提示词如下。

> 用 Python 写一个计算器程序，包含加减乘除，用函数封装。

此时，DeepSeek 等 AI 工具可以直接生成代码 + 注释，很可能能够一次性地解决用户的问题。

使用模糊提示词和使用明确提示词的区别如图 2-1 所示。

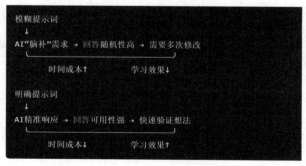

图 2-1　使用模糊提示词和使用明确提示词的区别

作用2：培养AI思维

通过不断优化提示词，用户会逐渐明确 AI 的"知识边界"在哪里。例如，如果不加载联网插件，目前的 DeepSeek R1 无法回答与 2024 年 10 月之后发生的事件相关的问题。

通过给予分步指令，用户可以根据经验引导 AI 进行推理，比如让 AI 先解释概念，再举例应用。用户可以使用类似的方法，直接请 AI 教自己提示词的使用技巧。比如，用户可以发送如下提示词。

> 提示词是什么？请教我一些提示词的基本使用技巧。

作用3：解锁高阶功能

通过给予特定的提示词，用户可以将 AI 训练成某个领域的专业助手，如表 2-1 至表 2-3 所示。

表 2-1　学术研究助手

提示词示例	作用
你是一位论文审稿人，请用Markdown格式列出针对目标论文的3个改进建议：①方法论缺陷 ②文献引用不足 ③逻辑漏洞	训练学术批判思维
用通俗语言解释Transformer模型，要求：①对比RNN的优缺点 ②用快递分拣系统做比喻 ③附一张流程示意图	辅助理解复杂技术概念

表 2-2　编程调试助手

提示词示例	作用
你是有10年工作经验的Python工程师，我的报错信息是【××】，请：①解释错误原因 ②给出3种解决方案 ③标记最优解（带代码示例）	快速定位代码问题
将以下JSON数据转换为MySQL建表语句，要求：①字段注释用中文 ②添加索引优化建议 ③输出Markdown代码块	学习数据格式转换

表 2-3 创意写作助手

提示词示例	作用
模仿鲁迅的风格写一篇短评,主题为"年轻人沉迷短视频",要求:①使用反讽手法 ②使用文言文结尾 ③300字内	掌握文体模仿技巧
为我的科幻小说设计一个世界观设定表,包含星球生态、科技水平、社会阶级矛盾等内容,用JSON格式输出	构建创作框架

技巧 02 写提示词的4大误区

AI 初学者在写提示词时,因为缺乏经验,常写出有各种各样的缺陷的提示词,导致 AI 无法给出理想的回复。避开常见的误区,可以快速进阶,成为提示词写作高手。

常见误区:需求表达不明确

1. 提示词过于简略

错误示例:

> 写一首诗。

提示词未限定主题、风格、格式等关键要素,在这种情况下,AI 可能生成抒情诗、打油诗,甚至外文诗歌,结果完全随机。

优化示例:

> 写一首七言绝句,主题为"夏日荷塘",包含"蝉鸣""露珠"意象,押平声韵。

2. 使用模糊形容词

错误示例：

> 写一个有趣的故事。

提示词中的主观词汇缺乏客观标准，AI 对"有趣"的理解可能是喜剧、荒诞剧，也可能是悬疑剧、反转剧。

优化方案：

> 写一篇 300 字的儿童故事，包含以下元素：会说话的松鼠、丢失的松果、三次搞笑的失败尝试。

交互误区：忽略对话逻辑

1. 一次性提出多个要求

错误示例：

> 分析这篇论文的优点和缺点，并推荐参考文献。

提示词未使用序号或特殊符号拆分任务，导致指令不清晰。在这种情况下，AI 可能只完成前两项任务，漏掉"推荐参考文献"这一任务。

优化方案：

> （1）分析论文的创新点与不足。
> （2）用表格对比其与文献 [1][2] 的差异。
> （3）推荐 5 篇 2020 年后发表的相关论文。

2. 缺乏上下文关联

错误示例：

第一轮：

> 写一份智能手表的市场分析报告。

第二轮：

> 加入竞争品牌对比。

第二轮对话的提示词未明确引用历史对话，AI 可能会重新生成完整报告，而非在原报告的基础上进行补充。

优化方案：

> 在刚才生成的市场分析报告中添加 Apple、华为、小米的市场占有率对比（用柱状图描述）。

认知误区：错误估计AI能力边界

1. 过度依赖实时信息

错误示例：

> 汇总 2025 年 2 月的全球 AI 融资事件。

不同版本的 AI 有不同的知识截止日期，如果所使用 AI 的训练数据截至 2024 年 12 月，它将无法输出准确结果。

优化方案：

> 假设当前是 2024 年 Q3，请模拟一份 AI 行业融资趋势预测报告，需要包含风险评估。

使用带有联网搜索插件的 AI 工具，能够更好地获取实时信息。

2. 忽视可操作性约束

错误示例：

> 生成一个自动驾驶算法。

或者：

> 编写一个进销存管理系统。

提示词未限定技术栈和实现层级，AI 可能能够给出理论框架，但无法实现工程细节。

优化方案：

> 用 Python 伪代码描述基于 LSTM 的车辆轨迹预测算法，标注数据预处理关键步骤。

心理误区：对 AI 抱有错误期望

1. AI 应该一次性输出完美回复

错误认知：认为使用优化后的提示词能一次性得到理想的回复。

现实情况：AI 输出的内容往往需要经过 2～3 轮迭代调整（如同人类之间的沟通）。

正确交互方法如下。

第一轮交流：获取大体框架。

第二轮交流：补充细节要求。

第三轮交流：修正答案的风格/格式。

2. 提示词越长越好

错误示例：

> 请写一篇关于气候变化的文章，要包含全球变暖的影响、解决方案、各国政策、科学家争议、公众认知变化……（500 字）。

提示词的信息过量，很可能导致 AI 给出的回答是泛泛而谈。

优化方案：

> 写一篇 1000 字左右的科普文，按照"温室效应→极端天气案例→个人行动措施"这一逻辑链展开。

技巧 03　提示词的5个常见框架与4大基本原则

提示词框架用于在与 AI（DeepSeek、ChatGPT 等）交互时，通过结构化、系统化的方式设计输入内容，更精准地引导 AI 生成符合预期的内容。就好像小学生写记叙文所用的最基本的框架是起因、经过、结果，用户与 AI 沟通时使用框架式提示词，更容易获得理想的回复。

在不同的任务场景中，提示词框架略有不同，但大体上包含如图 2-2 所示的内容。

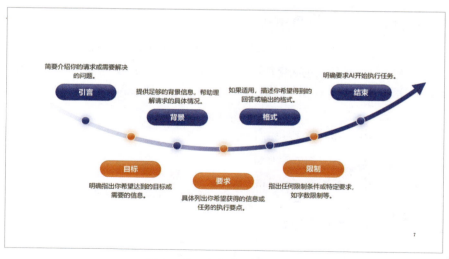

图 2-2　提示词框架的主要内容

下面介绍几个常见的提示词框架。

BROKE框架

适用场景：需要明确背景信息和多维度要求的复杂任务（产品设计、数据分析等），如表2-4、表2-5所示。

表2-4 电商产品描述

英文缩写	英文全称	中文释义	提示词示例
B	Background	背景	我是电商公司的运营人员，需要为新品瑜伽裤写产品描述
R	Request	请求	请生成一段能吸引年轻女性的文案
O	Outcome	预期结果	突出产品的透气性和时尚设计，引导读者点击购买
K	Key Context	关键信息	价格为199元，材质为冰丝面料
E	Example	示例	参考Nike的"全天候舒适，运动与生活无缝切换"

表2-5 销售数据分析

英文缩写	英文全称	中文释义	提示词示例
B	Background	背景	我是市场部新人，需要分析上个月的销售数据
R	Request	请求	请总结增长最快的产品类别和可能原因
O	Outcome	预期结果	输出可视化图表和3条优化策略
K	Key Context	关键信息	数据来源为附件中的Excel表格
E	Example	示例	类似《中国居民消费趋势报告（2023）》的归因分析结构

ROLE框架

适用场景：需要明确执行者身份与任务边界的工作委托（专业咨询、技术开发等），如表2-6、表2-7所示。

表 2-6 健康食谱设计

英文缩写	英文全称	中文释义	提示词示例
R	Role	角色定义	你是一名资深营养师,擅长进行减脂饮食规划
O	Objective	核心目标	为30岁的职场女性设计一周食谱
L	Limitation	限制条件	热量控制为1500大卡/天,需要包含早/午/晚餐
E	Expectation	期望/要求	备注每道菜的烹饪技巧和营养构成

表 2-7 脚本开发

英文缩写	英文全称	中文释义	提示词示例
R	Role	角色定义	你是经验丰富的Python工程师,熟悉自动化脚本
O	Objective	核心目标	编写批量重命名图片文件的脚本
L	Limitation	限制条件	文件格式需要兼容JPG/PNG,命名规则为"日期+序号"
E	Expectation	期望/要求	添加异常处理逻辑(重复文件名检测等)

CRISPER框架

适用场景:多维度参数控制的系统性规划(行程规划、活动策划等),如表2-8、表2-9所示。

表 2-8 制订旅行计划

英文缩写	英文全称	中文释义	提示词示例
C	Context	背景信息	我和父母(年逾60岁)计划5月份去江南地区旅游7天
R	Request	核心请求	推荐适合老年人的行程

续表

英文缩写	英文全称	中文释义	提示词示例
I	Intent	深层目标	避免高强度活动，侧重文化体验，需要有便利的交通
S	Scenario	方案细节	南京-苏州-杭州三地游览，住宿地为3~4星级酒店
P	Parameter	硬性规定	每日步行小于8000步，包含餐饮推荐
E	Example	参考样例	类似《孤独星球》的慢旅行路线
R	Response	输出格式	按天列出表格，含景点/交通/注意事项3列

表2-9 行业沙龙策划

英文缩写	英文全称	中文释义	提示词示例
C	Context	背景信息	公司准备举办50人规模的"AI赋能零售"行业沙龙
R	Request	核心请求	设计活动流程，活动用时为两个小时
I	Intent	深层目标	重点为嘉宾互动，穿插案例分析和分组讨论
S	Scenario	方案细节	场地需要配备投影仪，并划出小组讨论区
P	Parameter	硬性规定	必须包含开场致辞、2场演讲、1场圆桌论坛
E	Example	参考样例	参考TEDx的项目活动流程
R	Response	输出格式	制作带时间轴标记的甘特图

TAG框架

适用场景：快速明确行动指令的简单任务（市场调研、邮件撰写等），如表2-10、表2-11所示。

表 2-10 新能源汽车分析

英文缩写	英文全称	中文释义	提示词示例
T	Task	核心任务	分析新能源汽车在二线城市的市场机会
A	Action	执行动作	比较比亚迪/特斯拉/蔚来的产品定位差异
G	Goal	最终目标	输出500字报告,用于内部战略会议

表 2-11 催款邮件撰写

英文缩写	英文全称	中文释义	提示词示例
T	Task	核心任务	跟进拖延付款的客户的付款计划
A	Action	执行动作	用专业、温和的语气撰写催款邮件
G	Goal	最终目标	维护合作关系,并明确要求对方在3日内完成付款

SPAR框架

适用场景:问题诊断与解决方案推导(用户调研、学术写作等),如表 2-12、表 2-13 所示。

表 2-12 用户留存分析

英文缩写	英文全称	中文释义	提示词示例
S	Situation	情况描述	某健身App的用户留存率首周下降40%
P	Problem	核心问题	怀疑新手引导流程不够清晰
A	Action	解决动作	设计5个聚焦首次使用痛点的访谈问题
R	Result	预期成果	输出带优先级的优化方案(含实施步骤)

表 2-13 论文文献综述

英文缩写	英文全称	中文释义	提示词示例
S	Situation	情况描述	我正在撰写以"元宇宙伦理"为研究主题的论文,卡在文献综述部分

续表

英文缩写	英文全称	中文释义	提示词示例
P	Problem	核心问题	整合10篇跨学科研究论文的逻辑关系
A	Action	解决动作	建议按技术/法律/哲学分类
R	Result	预期成果	生成带参考文献编号的树状图大纲

在实际应用中,用户不需要严格遵循某一提示词框架写提示词,只要把握好如图2-3所示的基本原则即可。

图2-3 提示词写作的基本原则

技巧04 10个常用的提示词模板

在与DeepSeek或其他AI对话的过程中,提示词至关重要。以下是更多领域的常用提示词示例,供大家学习、借鉴。

1. 信息查询型

请解释 [专业术语 / 概念]，要求：用通俗语言描述其核心定义，列举应用场景或说明其与易混淆概念的区别。

示例：

请用通俗语言描述机器学习中的"过拟合"，要求用比喻说明，与"欠拟合"进行对比，并给出实际代码示例。

2. 分析对比型

对比分析 [A] 与 [B] 在 [场景] 中的差异，要求从性能、适用性等维度入手，以表格形式对比，给出典型应用建议。

示例：

对比 VBA 与 WPS JS 在编程应用中的差异，用表格展示两者的优劣。

3. 解决方案型

针对 [具体问题]，请分步骤提供解决方案。

示例：

如何解决 Android 应用内存泄漏问题？要求给出 LeakCanary 配置教程和 Heap Dump 分析技巧。

4. 创意生成型

基于 [主题 / 关键词]，生成 [数量] 个创意方案，要求：标注清楚适合的目标人群 / 场景或必须包含的元素等。

示例：

为图书《DeepSeek 实战技巧精粹》生成 5 个封面设计创意方案，需要包含 AI 技术与职场、生活等相关元素。

5. 数据处理型

请清洗 / 分析以下数据：[数据片段]，要求：指出全部数据质量问题 / 写出处理代码 / 输出处理后数据可视化建议等。

示例：

分析销售数据中的异常值，用箱线图展示并给出 SQL 查询修正语句。

6. 学习路径型

作为 [身份 / 水平]，制定 [时间周期] 的 [领域] 学习计划。

示例：

作为专业的 Excel 课程讲师，为零基础学习者设计为期 3 个月的 Excel 函数公式学习计划，包含动态数组公式知识。

7. 代码调试型

请修复以下代码中的错误：[代码段]，要求：逐行注释出现问题的原因，给出优化后的代码。

示例：

以下 VBA 代码下标越界，请逐行注释出现问题的原因，并给出优化后的代码。
```
Sub tt()
Dim i%, arr()
```

```
ReDim arr(1 To 3, 1 To 1)
For i = 1 To 3
arr(i, 1) = i
Next
ReDim Preserve arr(1 To 5, 1 To 1)
End Sub
```

8. 预测推演型

预测 [领域 / 事件] 未来 [时间] 发展趋势，要求：列出 [n] 个关键因素 / 构建 SWOT 分析模型 / 给出 [n] 种可能情境推演等。

示例：

预测 2025 年新能源汽车电池技术的突破方向，分析影响固态电池量产的 3 个主要因素。

9. 观点论证型

论证 [观点 / 假说] 是否成立，要求：分别为正反双方提供 3 个论据 / 引用权威研究数据作为支撑。

示例：

论证"区块链将取代传统银行结算系统"是否成立，需要引用 IMF 报告和 SWIFT 交易量数据。

10. 模拟决策型

作为 [角色]，面临 [情境]，应该如何决策？

示例：

作为产品经理，需要开发一款 App 时，应该先开发 iOS 版本的 App 还是先开发 Android 版本的 App？用 TAM 模型估算市场容量。

02 第2篇 效率倍增篇：
DeepSeek 赋能智能办公

作为 AI 大模型，DeepSeek 在自动化办公中展现出的显著优势正受到越来越多人的关注。例如，它不仅能够快速生成常用的图表、报告，自动进行合同评估、会议纪要整理、多语种翻译及数据分析，还能解读 Excel 数据、整理电子发票、快速制作 PPT 等。

DeepSeek 与各传统办公软件的结合，正在重新定义智能办公的效率标准。

第 3 章

DeepSeek 图表大师：
一键生成专业图表

使用 DeepSeek，不仅能够快速生成思维导图、甘特图、流程图、组织架构图等常用图表，还能够根据图片中的信息生成图表、对现有图表信息进行解读、重新定义图表的处理流程。如今，DeepSeek 特别适合用于需要高频处理复杂信息的项目管理、学术研究等场景。

本章的主要内容

- ◆ 技巧 1 思维导图：快速梳理知识结构
- ◆ 技巧 2 甘特图：项目管理可视化利器
- ◆ 技巧 3 流程图：复杂流程的极简呈现
- ◆ 技巧 4 组织结构图：层级关系可视化
- ◆ 技巧 5 动态组合数据图表

······

技巧 01 思维导图：快速梳理知识结构

思维导图是用图形化树状结构梳理复杂信息的工具，可用"中心主题→分支关键词→关联线"的形式展示关键信息。思维导图的核心要素包括用醒目图标或文字呈现的主题，以及主要分支、细化层级。在思维导图中，可以用颜色、图标、线条粗细等区分信息层级。

思维导图可以直观展示原本需要使用大量文字才能描述清楚的逻辑关系，达到提高记忆效率、激发联想创意的目的。

Mermaid 是一款优秀的图表绘制工具，允许用户使用简单的文本语法创建各种类型的图表，包括流程图、序列图、甘特图、类图、状态图、饼图、思维导图等。Mermaid 不仅支持实时预览，还支持在编写过程中随时查看图表效果。使用 Mermaid 生成的图表能够继续生成链接，并导出为图片或者 SVG 格式的矢量图形。

下面以"备考公务员"为主题，借助 DeepSeek 与 Mermaid 生成思维导图。

在 DeepSeek 对话框中发送如下需求提示词。

> 请提供一份备考公务员的思维导图框架。

稍待片刻，DeepSeek 就会给出框架建议，如图 3-1 所示。

图 3-1 框架建议（部分）

此时，可以进一步提出修改建议，如"请进一步细化笔试部分"，

DeepSeek 会根据新需求重新生成框架。

确认无误后，在 DeepSeek 对话框中发送如下提示词，要求它生成 Mermaid 代码。

> 请根据以上框架，生成符合 Mermaid 标准的代码。

DeepSeek 生成的代码如下。

```
graph TD
    A[公务员考试备考策略] -> B[了解考试]
    A -> C[制订备考计划]
    A -> D[行测备考重点]
    A -> E[申论备考重点]
    A -> F[面试准备]
    A -> G[工具与资源]
    A -> H[常见误区与对策]

    %% 1.了解考试
    B -> B1[考试类型]
    B1 -> B11[国考]
    B1 -> B12[省考]
    B1 -> B13[选调生]

    B -> B2[考试科目]
    B2 -> B21[笔试]
    B21 -> B211[行测：言语/数量/判断/资料/常识]
    B21 -> B212[申论：归纳/分析/写作]
    B21 -> B213[专业科目]
    B2 -> B22[面试]
    B22 -> B221[结构化]
    B22 -> B222[无领导小组]
    B22 -> B223[情景模拟]
```

B -> B3[时间节点]
B3 -> B31[国考：10 月报名]
B3 -> B32[省考：3-4 月]

%% 2. 制订备考计划
C -> C1[阶段划分]
C1 -> C11[基础阶段：1～2 个月]
C1 -> C12[强化阶段：1 个月]
C1 -> C13[冲刺阶段：2～3 周]

C -> C2[每日学习]
C2 -> C21[上午：行测模块]
C2 -> C22[下午：申论 + 素材]
C2 -> C23[晚上：错题 + 时政]

%% 3. 行测重点
D -> D1[言语理解]
D1 -> D11[逻辑填空]
D1 -> D12[片段阅读]

D -> D2[数量关系]
D2 -> D21[工程 / 行程问题]
D2 -> D22[方程法 / 代入法]

D -> D3[判断推理]
D3 -> D31[图形规律]
D3 -> D32[逻辑判断]

D -> D4[资料分析]
D4 -> D41[公式速记]

D4 -> D42[速算技巧]

D -> D5[常识]
D5 -> D51[时政 / 法律]

%% 4. 申论重点
E -> E1[核心能力]
E1 -> E11[阅读理解]
E1 -> E12[归纳概括]

E -> E2[题型]
E2 -> E21[单一题]
E2 -> E22[公文写作]
E2 -> E23[大作文]

E -> E3[素材]
E3 -> E31[政府工作报告]
E3 -> E32[热点话题]

%% 5. 面试准备
F -> F1[题型]
F1 -> F11[综合分析]
F1 -> F12[组织管理]
F1 -> F13[应急应变]

F -> F2[技巧]
F2 -> F21[逻辑清晰]
F2 -> F22[语言流畅]

%% 6. 工具与资源
G -> G1[教材]

G1 -> G11[华图模块宝典]
G1 -> G12[申论的规矩]

G -> G2[App]
G2 -> G21[粉笔]
G2 -> G22[学习强国]

%% 7. 常见误区
H -> H1[误区]
H1 -> H11[盲目刷题]
H1 -> H12[忽视时政]

H -> H2[对策]
H2 -> H21[错题本]
H2 -> H22[每日新闻]

单击代码窗口右上角的【复制】按钮，即可将以上内容复制到剪贴板。

在浏览器中打开 Mermaid 编辑器，不需要注册，直接在界面左侧粘贴以上代码，即可在界面右侧预览思维导图的效果，如图 3-2 所示。

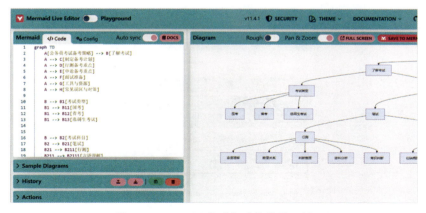

图 3-2　Mermaid 代码与思维导图示例

此时，思维导图默认布局为自上而下的直角矩形。

在 DeepSeek 对话框中发送修改建议（提示词）。

> 请将以上代码设置为左右布局，圆角矩形。

再次复制 DeepSeek 提供的参考代码，粘贴在 Mermaid 编辑器中，思维导图的预览效果如图 3-3 所示。

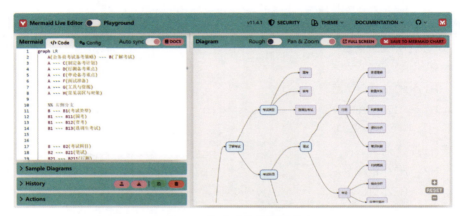

图 3-3　修改思维导图样式

若预览效果符合预期，单击【Actions】选项，即可在其下方区域选择图片格式，如图 3-4 所示。确定图片格式后，即可将图片下载到本地或者生成分享链接。

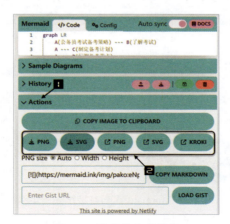

图 3-4　保存或分享文件

技巧 02　甘特图：项目管理可视化利器

甘特图是一种常用的项目管理工具，用来展示项目进度和时间线。甘特图的呈现形式类似于条形图，以时间为横轴，以任务为纵轴，用户可以直观地在甘特图中看到项目内各任务的起止时间、相互关系，以及整体项目进度。

下面以某工程项目进度为例，介绍如何借助 DeepSeek 和 Mermaid 生成甘特图。

整理好项目进度安排及进度情况后，在 DeepSeek 对话框中发送需求提示词。

> 我要制作展示项目进度的甘特图，需要提供什么格式的数据？

DeepSeek 给出的建议如图 3-5 所示。

> 要制作甘特图，通常需要以下格式的数据：
> 1. **任务名称**：这是项目中各个任务的标识，通常列在表格的第一列。
> 2. **开始时间**：每个任务的计划开始日期或时间，以日期格式（如"2023-01-01"）或时间戳的形式提供。
> 3. **结束时间**：每个任务的计划结束日期或时间，也以日期格式或时间戳的形式提供。
> 4. **持续时间**：任务从开始到结束预计持续的时长，可以是以天、周或月为单位的具体数字。
> 5. **完成百分比**（可选）：任务完成的百分比，这有助于展示任务的当前进度。
>
> 以下是一个典型的数据格式示例。
>
> | 任务名称 | 开始时间 | 结束时间 | 持续时间 | 完成百分比 |
> | --- | --- | --- | --- | --- |
> | 任务1 | 2023-01-01 | 2023-01-05 | 4天 | 30% |
> | 任务2 | 2023-01-06 | 2023-01-10 | 4天 | 0% |
> | 任务3 | 2023-01-11 | 2023-01-15 | 4天 | 50% |

图 3-5　制作甘特图需要的数据格式

按照上述格式，在 Excel 中准备数据，完成后先将数据复制并粘贴到 DeepSeek 对话框中，再说明具体要求，如图 3-6 所示。

> 请用以上数据生成符合 Mermaid 标准的甘特图代码，要清晰标记每个项目的起止日期及进度情况。

DeepSeek 生成的代码如图 3-7 所示。单击界面右上角的【复制】按钮，即可将代码复制到剪贴板中。

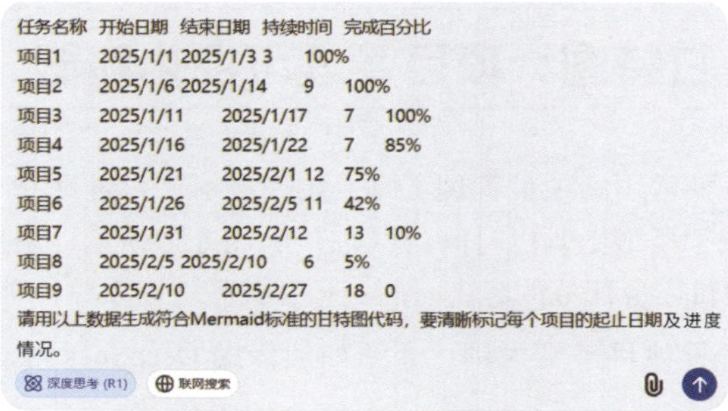

图 3-6 给 DeepSeek 提供满足格式要求的数据

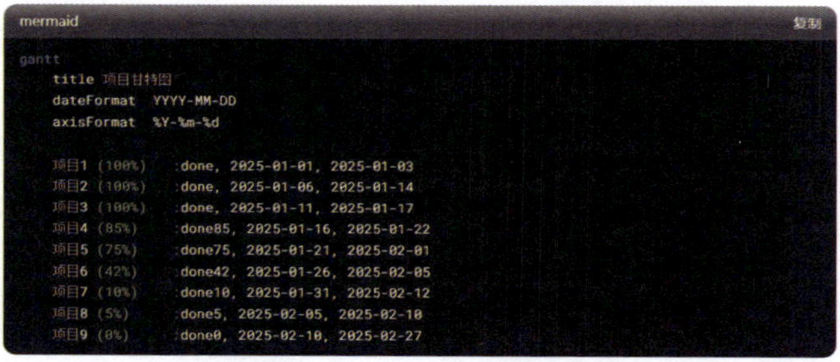

图 3-7 符合 Mermaid 标准的甘特图代码

在 Mermaid 编辑器左侧粘贴代码,即可在界面右侧预览甘特图的效果,如图 3-8 所示。

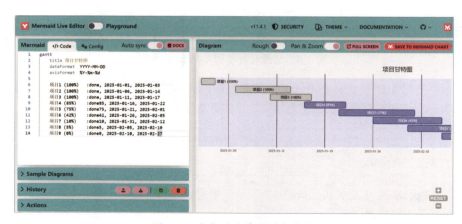

图 3-8 生成的甘特图(部分)

单击【Actions】按钮并选择格式，即可将生成的甘特图下载到本地或者生成分享链接。

技巧03 流程图：复杂流程的极简呈现

流程图是由标准化图形符号和文字说明共同构成的视觉化图表，主要用于展示工作流程、算法执行顺序、系统交互关系、业务审批路径等内容。使用流程图，能够将复杂流程转化为直观图表，快速定位流程瓶颈和冗余环节，统一业务操作规范，提高跨部门沟通效率。

下面介绍如何借助 DeepSeek 和 Mermaid 生成报销流程图。

在 DeepSeek 对话框中发送以下提示词。

> 我们的报销流程：首先，提交报销申请、填写费用报销单；其次，进入审批流程，其中，5000 元及以下金额需要部门领导审批，5000 元以上金额需要财务总监审批；最后，进入票据审核流程，审核通过，财务付款，否则需要修改费用报销单。请根据以上流程，生成符合 Mermaid 标准的流程图代码。

DeepSeek 生成的代码如图 3-9 所示。单击代码框右上角的【复制】按钮，即可将 DeepSeek 生成的代码复制到剪贴板中。

图 3-9　DeepSeek 生成的代码

在 Mermaid 编辑器界面的左侧粘贴代码，即可在界面右侧预览报销流程图的效果，如图 3-10 所示。

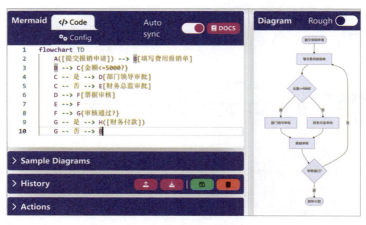

图 3-10　报销流程图

单击【Actions】按钮并选择格式，即可将生成的报销流程图下载到本地或者生成分享链接。

需要特别关注的是，DeepSeek 生成的流程图框架支持多级金额审批判断，完成了审核退回修改的闭环。示例以 5000 元为分界，实际使用中，金额阈值和审批层级等用户均可根据企业制度灵活调整。

技巧 04　组织结构图：层级关系可视化

组织结构图是一种以图形形式展示组织内部层级关系、部门划分情况及岗位职责的图表工具，常用于明确权责分工、优化管理流程、提高团队协作效率。

使用组织结构图，能够清晰展示上下级汇报关系、标注岗位职能，避免职责重叠或存在职责空白，不仅能帮助管理者迅速定位责任人，而且能辅助新员工明确公司架构与团队分工。

在制作组织结构图之前，需要先明确要展示的架构范围，如全公司、单个部门或项目组，再收集、梳理组织架构数据，包括部门名称与职能、岗位名称、汇报关系等，必要时可以添加关键岗位的职责说明。

下面介绍如何借助 DeepSeek 和 Draw.io 生成组织结构图。

在 DeepSeek 对话框中发送以下提示词。

> 总经理下属办公室、销售部、企管部和行政部，销售部下属市场开拓和售后服务，行政部下属人事部和后勤部，后勤部下属保洁、餐厅和安保。请根据以上内容，生成符合 Mermaid 标准的组织结构图，使用圆角矩形。

DeepSeek 生成的代码如图 3-11 所示。

图 3-11　符合 Mermaid 标准的组织结构图代码

复制 DeepSeek 生成的代码，打开 https://www.drawio.com/，单击【Start】按钮，即可开始任务，如图 3-12 所示。

在弹出的对话框中单击【创建新绘图】按钮，如图 3-13 所示，然后单击对话框底部的【修改存储方式】按钮，即可选择包括 OneDrive、GitHub、GitLab 在内的文件保存位置。本例选择【设备】，即保存到本地。

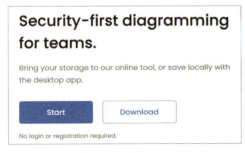

图 3-12　开始任务

图 3-13　创建新绘图

在新建界面中输入文件名并选择文件类型后，先单击【空白框图】选项，再单击【创建】按钮，如图 3-14 所示。

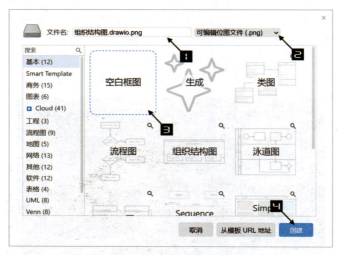

图 3-14　创建空白框图

在弹出的对话框中选择文件的保存位置后单击【保存】按钮，如图 3-15 所示。

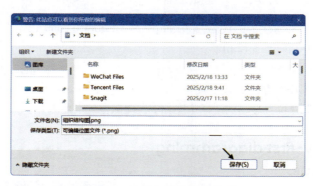

图 3-15　选择文件的保存位置

单击插入按钮，在下拉菜单中选择【高级】→【Mermaid】命令，如图 3-16 所示。

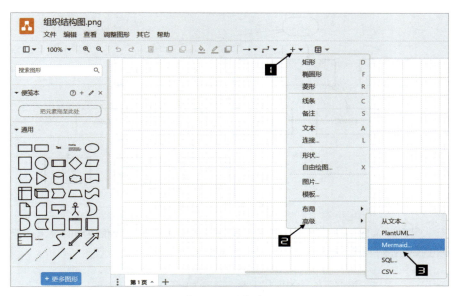

图 3-16 添加代码

清除代码编辑框中的原有内容后,将 DeepSeek 提供的代码粘贴进去,单击【插入】按钮,如图 3-17 所示。

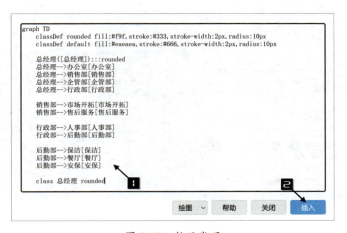

图 3-17 粘贴代码

生成的组织结构图如图 3-18 所示。

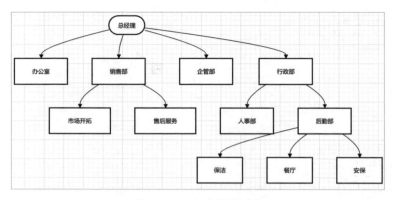

图 3-18 组织结构图效果

观察图 3-18 可知,生成的组织结构图中的形状不符合圆角矩形的要求。返回 DeepSeek,继续之前的对话,发送以下提示词。

> 使用代码生成的组织结构图的形状需要全部改为圆角矩形,请修改后重新生成代码。

DeepSeek 思考后重新生成的代码如图 3-19 所示。

```mermaid
graph TD
    classDef roundrect rx:10px,ry:10px;
    node1(总经理):::roundrect --> node2(办公室):::roundrect
    node1 --> node3(销售部):::roundrect
    node1 --> node4(企管部):::roundrect
    node1 --> node5(行政部):::roundrect

    node3 --> node6(市场开拓):::roundrect
    node3 --> node7(售后服务):::roundrect

    node5 --> node8(人事部):::roundrect
    node5 --> node9(后勤部):::roundrect

    node9 --> node10(保洁):::roundrect
    node9 --> node11(餐厅):::roundrect
    node9 --> node12(安保):::roundrect

    class node1,node2,node3,node4,node5,node6,node7,node8,node9,node10,node11,node12 roundrect;
```

图 3-19 重新生成的组织结构图代码

复制 DeepSeek 生成的代码,返回 https://www.drawio.com/,依次单击插入按钮,在下拉菜单中选择【高级】→【Mermaid】命令,将代码粘贴到代码编辑框后单击【插入】按钮。修改代码后生成的组织结构图如图 3-20 所示。

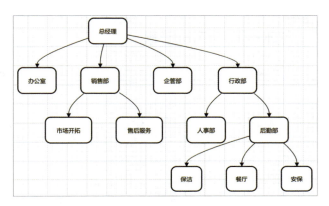

图 3-20　修改代码后的组织结构图

该组织结构图以总经理为根节点,使用箭头明确隶属关系,末端节点为具体职能模块。

依次单击【文件】→【导出为】,即可在弹出的子菜单中选择导出图片的格式,如图 3-21 所示。

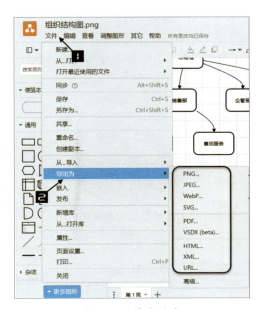

图 3-21　导出图片

技巧 05 动态组合数据图表

柱状图适合用于对比不同类别的数值,折线图适合展示数据随时间或其他变量的变化而变化的趋势,二者组合使用,可用一张图表同时满足数据对比与趋势分析的需求。当两组数据的单位或量级差异较大时,比如销售额与利润率百分比,可以用主/次坐标轴分别呈现柱状图和折线图,避免数据被压缩或失真。此外,使用组合图表,还可以观察到两个变量的潜在关联。

HTML 是用于创建网页和网页应用的标准标记语言,允许通过使用一系列元素结构化内容,使得文本、图像、视频等多媒体元素在网络上得以展示和交互。HTML 文档由一系列标签定义,这些标签用于指示浏览器如何渲染页面中的内容。

JavaScript(简称 JS)是一种编程语言,主要用于为网页添加交互性的动态功能,可以让网页响应用户的操作,比如单击按钮、提交表单、加载数据。JS 可以直接嵌入 HTML,也可以通过外部文件引入。

下面以制作简单的门店销售数据可视化图表为例,介绍如何使用 HTML+JS 制作组合图表。

复制 Excel 工作表中的数据,粘贴到 DeepSeek 对话框中并发送以下提示词。

> | 店面 | 销售额(万元) | 完成比例 |
> | --- | --- | --- |
> | A 店 | 600 | 80% |
> | B 店 | 750 | 75% |
> | C 店 | 680 | 96% |
> | D 店 | 800 | 80% |
> | E 店 | 720 | 93% |
>
> 请使用以上数据,生成柱状图加折线图的组合图表代码,符合 HTML 标准,配色参考《经济学人》图表。

DeepSeek 生成的部分代码如图 3-22 所示。

html　复制

```html
<!DOCTYPE html>
<html>
<head>
    <meta charset="utf-8">
    <title>门店销售分析</title>
    <!-- 引入 ECharts -->
    <script src="https://cdn.jsdelivr.net/npm/echarts@5.4.2/dist/echarts.min.js"></script>
</head>
<body>
    <div id="main" style="width: 800px;height:500px;"></div>
    <script>
        // 初始化图表
        var myChart = echarts.init(document.getElementById('main'));

        // 经济学人配色方案
        const colors = ['#1A8CDB', '#E31A1C', '#009F7F', '#FF6F00', '#6A3D9A'];

        // 配置项
        const option = {
            color: colors,
            tooltip: {
                trigger: 'axis',
                axisPointer: {
                    type: 'cross'
```

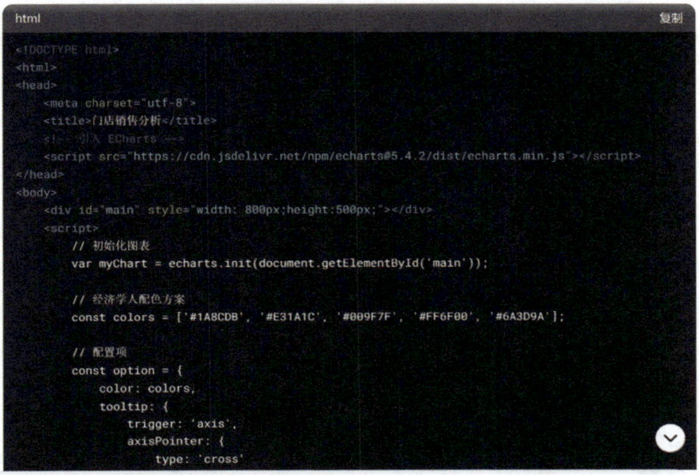

图 3-22　DeepSeek 生成的代码（部分）

单击代码框右下角的【运行 HTML】按钮，组合图表的预览效果如图 3-23 所示。

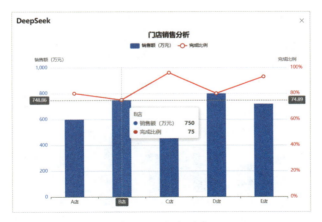

图 3-23　组合图表

单击代码窗口右上角的【复制】按钮，即可将代码复制到剪贴板中。

在计算机桌面上右击，在弹出的快捷菜单中选择【新建】→【文本文档】命令，如图 3-24 所示。

新建文本文档后，将代码粘贴到文本文档中并保存该文本文档。

回到计算机桌面，右击该文本文档，在弹出的快捷菜单中选择【重命名】命令。将该文本文档的扩展名从 .txt 改成 .html，此时会弹出警告对话框，单击【是】即可，如图 3-25 所示。

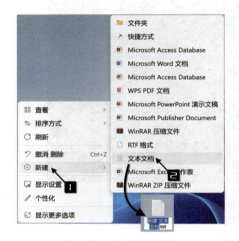

图 3-24　新建文本文档

图 3-25　文件重命名

双击打开该 HTML 文件，效果如图 3-26 所示。

图 3-26　浏览器中的图表效果

以上图表使用了《经济学人》的经典配色：蓝色 + 红色，用柱状图显示销售额，用折线图显示完成比例，包含交互式提示框，且能够自动适应浏览器窗口大小。

回到上一步，如果文件没有显示扩展名，根据计算机系统的不同，操作方法有所不同。以 Windows 11 为例，双击【此电脑】，在顶端工具栏中单击【查看】下拉按钮，在下拉菜单中依次单击【显示】→【文件扩展名】命令，如图 3-27 所示，即可使文件显示扩展名。

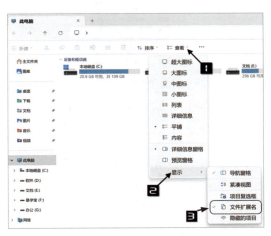

图 3-27　在 Windows 11 系统中显示文件扩展名

若计算机系统为 Windows 10，可以先双击【此电脑】，再在顶端工具栏中切换到【查看】选项卡，最后勾选【文件扩展名】的复选框，即可显示文件扩展名。

技巧 06　桑基图：资源流向动态追踪

桑基图能够表达复杂、系统的流动关系，将抽象的数据流动转化为具象的视觉叙事，特别适合需要同时呈现方向、规模和路径的分析场景。

如图 3-28 所示，这是一份包含性别、品牌、年龄段等信息的智能手机用户画像。借助 DeepSeek，可以根据该调查表快速生成桑基图。

	A	B	C
1	智能手机用户画像		
2	性别	品牌	人数
3	男	华为	1100
4	男	苹果	730
5	男	小米	680
6	男	OPPO	630
7	男	vivo	530
8	男	其他	1630
9	女	华为	680
10	女	苹果	1080
11	女	小米	370
12	女	OPPO	850
13	女	vivo	630
14	女	其他	1090
15	华为	45岁以上	135
16	华为	35-44岁	319
17	华为	25-34岁	986
18	华为	18-24岁	240
19	华为	18岁以下	100
20	苹果	45岁以上	80

图 3-28　智能手机用户画像（部分）

先单击 DeepSeek 对话框右下角的 按钮，上传包含数据的 Excel 表格，再发送以下提示词。

附件中的数据包含手机品牌、用户年龄段、用户性别及人数，请创建一个 HTML 格式的智能手机用户画像桑基图，需要体现不同性别、不同年龄段及不同手机品牌的流动关系。要求色彩柔和，鼠标悬停时显示具体数据。

DeepSeek 生成的部分代码如图 3-29 所示。

```html
<!DOCTYPE html>
<html>
<head>
    <title>智能手机用户画像桑基图</title>
    <script src="https://cdn.plot.ly/plotly-latest.min.js"></script>
    <style>
        body { margin: 20px; background-color: #f5f5f5; }
        #chart { background-color: white; border-radius: 10px; padding: 15px; }
    </style>
</head>
<body>
    <div id="chart"></div>

    <script>
        // 节点定义（性别 -> 品牌 -> 年龄段）
        const nodes = {
            label: [
                // 性别层
                "男", "女",
                // 品牌层
                "华为", "苹果", "小米", "OPPO", "vivo", "其他",
                // 年龄段层
                "18岁以下", "18-24岁", "25-34岁", "35-44岁", "45岁以上"
            ],
```

图 3-29　DeepSeek 生成的桑基图代码（部分）

单击代码框右下角的【运行 HTML】按钮，桑基图的预览效果如图 3-30 所示。

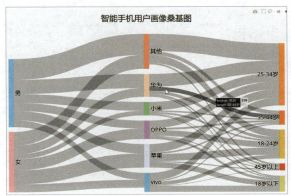

图 3-30　智能手机用户画像桑基图

分析如图 3-30 所示的桑基图可知：男性用户倾向于选择华为和其他品牌的智能手机，女性用户倾向选择苹果手机，各品牌智能手机的主要用户年龄段集中在 25～34 岁。

先单击代码框右上角的【复制】按钮，将代码粘贴到文本文档中并保存，再右击文件，在弹出的快捷菜单中选择【重命名】命令，将文件扩展名从 .txt 改成 .html。完成以上操作后，即可打开该 HTML 文件进行浏览。

技巧 07　旭日图：数据分层拆解

旭日图适合用于展示有较为复杂的层次、结构的数据，如辅助进行财务分析、市场营销和大数据分析，可以帮助用户更好地理解数据的组织和关系。

接下来介绍如何借助 DeepSeek 生成模拟数据及旭日图。

在 DeepSeek 对话框中发送以下提示词。

> 请生成一个 HTML 格式的旭日图，以"学龄前儿童教育"为主题，要求有丰富的模拟数据和内容。

DeepSeek 生成的部分代码如图 3-31 所示。

```
html                                                                复制
<!DOCTYPE html>
<html lang="zh-CN">
<head>
    <meta charset="UTF-8">
    <title>学龄前儿童教育发展全景图</title>
    <script src="https://cdn.jsdelivr.net/npm/echarts@5.4.2/dist/echarts.min.js"></script>
    <style>
        body { margin: 0; padding: 20px; background: #f0f7ff; }
        #main { width: 100%; height: 100vh; min-width: 320px; }
        .chart-title {
            font-size: 24px;
            color: #2c3e50;
            text-align: center;
            padding: 20px;
            font-family: 'Microsoft YaHei';
        }
    </style>
</head>
<body>
    <div class="chart-title">学龄前儿童教育发展全景图</div>
    <div id="main"></div>

    <script>
        let chart = echarts.init(document.getElementById('main'));
```

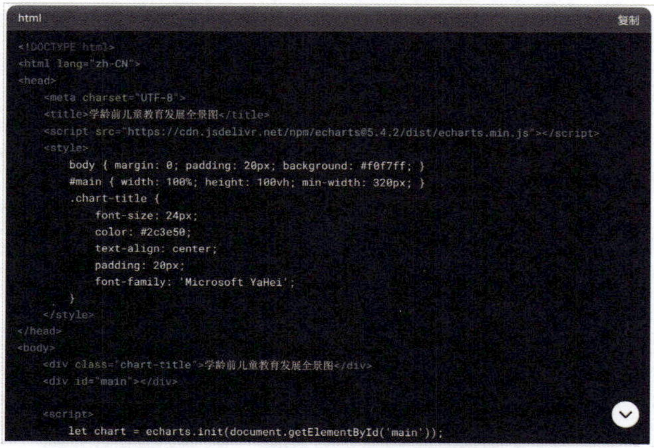

图 3-31　DeepSeek 生成的旭日图代码（部分）

单击代码框右下角的【运行 HTML】按钮，旭日图的预览效果如图 3-32 所示。

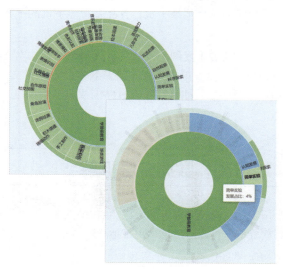

图 3-32　旭日图效果

此时生成的旭日图中文字重叠，通过指令让 DeepSeek 进行优化，将优化后的代码复制并粘贴到文本文档中并保存，再右击文件，在弹出的快捷菜单中选择【重命名】命令，将文件扩展名从 .txt 改成 .html。完成以上操作后，即可随时打开该 HTML 文件进行浏览。

技巧 08 雷达图：能力评估坐标系搭建

一方面，雷达图可以用于比较不同对象在相同维度中的优劣势，如对比多个产品的用户满意度或不同团队在研发、销售、运营等维度的表现。

另一方面，雷达图可以用于对比同一对象在不同维度中的表现差异，如对比某订单在客服态度、发货速度、商品质量等维度的评分情况或对比某运动员在速度、力量、耐力、灵敏度等维度中的指标数据。

如图 3-33 所示，是不同订单的客服态度、发货速度、物流进度、配送服务、商品满意度这 5 大指标的评分情况。借助 DeepSeek，我们可以生成雷达图，展示图 3-33 中各指标的整体表现。

	A	B	C	D	E	F
1	订单编号	客服态度	发货速度	物流进度	配送服务	商品满意度
2	1	4.5	3.8	4	4.2	4.7
3	2	2.5	4.5	3.2	3	3.8
4	3	4.8	4	4.5	4.3	4.5

图 3-33　客户评分表

复制 Excel 工作表中的内容，粘贴到 DeepSeek 对话框中，并发送以下提示词。

> 请根据以上数据制作 3 个符合 HTML 标准的雷达图，用于展示各个指标的差异，并给出总结建议。

DeepSeek 生成的部分代码如图 3-34 所示。

图 3-34　雷达图代码（部分）

单击代码框右下角的【运行HTML】按钮,雷达图的预览效果及对应的"分析与建议"如图3-35所示。

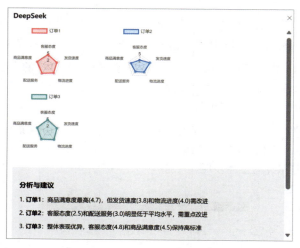

图3-35 DeepSeek生成的雷达图及对应的"分析与建议"

生成的改进建议如下。

加强客服培训,规范服务流程;
优化仓储管理,提高发货效率;
建立物流合作伙伴质量评估机制;
保持商品质量优势,持续优化包装。

技巧 09 根据图片中的信息生成图表

DeepSeek能够快速、准确地解析图片中的信息,直接生成图表,方便用户对数据进行分析和处理。

电影《哪吒之魔童闹海》(也称《哪吒2》)的单日部分票房数据如图3-36所示,借助DeepSeek,我们可以解析图片中的信息并生成折线图。

日期	分账票房（万元）	分账票房占比	分账票价	排片占比
2025-01-23 周四 点映	--	--	--	--
2025-01-26 周日 点映				
2025-01-27 周一 点映	0.0	--	27.5	--
2025-01-28 周二 零点场	--	--	--	--
2025-01-29 周三 点映	43497.9	--	45.8	--
2025-01-30 周四	42906.1	--	46.2	--
2025-01-31 周五	55413.8	--	46.2	--

图 3-36 《哪吒之魔童闹海》的单日票房数据（部分）

先单击 DeepSeek 对话框右下角的 @ 按钮，上传待解析的图片，再发送以下提示词，如图 3-37 所示。

> 请解析图片中的信息，生成符合 HTML 标准的折线图。

图 3-37 上传待解析的图片并发送提示词

DeepSeek 生成的代码如图 3-38 所示。

图 3-38　符合 HTML 标准的折线图代码

对代码中的数据进行核对，我们可以发现，1 月 29 日、2 月 2 日的数据由于小数点的位置不准确而出现了 10 倍差异。

在 DeepSeek 对话框中发送以下提示词。

> 1 月 29 日的数据应为 43497.9，2 月 2 日的数据应为 73187.9，请修改数据后重新生成代码。

DeepSeek 根据提示词重新生成了代码，并对修正后的数据进行了标注，如图 3-39 所示。

```html
<!DOCTYPE html>
<html>
<head>
    <title>哪吒2单日票房趋势（修正版）</title>
    <script src="https://cdn.jsdelivr.net/npm/chart.js"></script>
</head>
<body>
    <div style="width: 80%; margin: 20px auto">
        <canvas id="correctedChart"></canvas>
    </div>

    <script>
        // 修正后的数据集
        const correctedData = {
            labels: [
                "2025-01-29", "2025-01-30", "2025-01-31",
                "2025-02-01", "2025-02-02", "2025-02-03",
                "2025-02-04", "2025-02-05", "2025-02-06",
                "2025-02-07", "2025-02-08", "2025-02-09",
                "2025-02-10", "2025-02-11", "2025-02-12",
                "2025-02-14", "2025-02-15", "2025-02-16",
                "2025-02-17", "2025-02-18"
            ],
            datasets: [{
                label: '单日票房（万元）',
                data: [
                    43497.9,    // 修正1月29日数据（原434979 → 43497.9）
                    42906.1,
                    55413.8,
                    65775.5,
                    73187.9,    // 修正2月2日数据（原731879 → 73187.9）
```

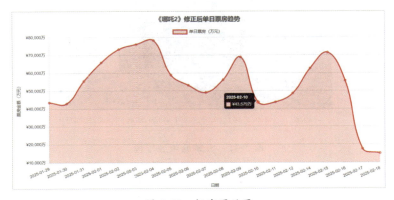

图 3-39　修正后的折线图代码（部分）

单击代码框右下角的【运行 HTML】按钮，折线图的预览效果如图 3-40 所示。

图 3-40　折线图效果

观察图 3-40 可知，包含非数值的无效数据条目被过滤了，折线图使用平滑的橙色曲线展示了票房数据随日期变化的趋势，并使用千位分隔符自动格式化了金额显示，包含交互式提示框、自定义坐标轴标签及可视化标记的数据点。

技巧 10 解读图表信息

借助 DeepSeek，能够快速解读图表中的信息、推断数据趋势、总结数据分布特征，并提出优化建议。

图 3-41 是某班级的考试成绩直方图。单击 DeepSeek 对话框右下角的 ⓤ 按钮，上传图 3-41，并发送以下提示词，即可要求 DeepSeek 对图表信息进行解读。

请对图片中的图表信息进行解读，并给出结论和建议。

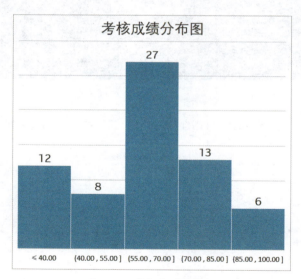

图 3-41 考核成绩直方图

DeepSeek 对图表信息进行解读后，生成的结论和建议如下。

结论：

成绩分布不均衡：从图表中可以看出，成绩主要集中在 (55.00, 70.00] 这个区间，有 27 人，占总人数的较大比例。其他分数区间的人数相对较少。

低分和高分人数较少：≤ 40.00 和 (85.00, 100.00] 这两个分数区间的人数较少，分别为 12 人和 6 人。

中等成绩人数较多：(55.00, 70.00] 和 (70.00, 85.00] 这两个中等分数区间的人数较多，分别为 27 人和 13 人。

建议：

加强基础教育：≤ 40.00 分数区间有 12 人，说明有一部分学生的基础知识掌握得不够扎实，需要加强基础教育，帮助这部分学生提高成绩。

提高高分比例：(85.00, 100.00] 分数区间只有 6 人，说明高分学生比例较低，可以通过完善激励机制，鼓励学生争取高分。

关注中等成绩学生：中等成绩的学生人数较多，需要关注这部分学生的学习情况，帮助他们进一步提高成绩，争取进入高分区间。

分析原因：进一步分析成绩分布现状的出现原因，了解学生在学习过程中遇到的困难和问题，有针对性地进行教学改进和辅导。

对图表内容进行分析后，DeepSeek 会总结关键发现，并提出改进建议。

第4章 DeepSeek写作大师：从创作到排版

DeepSeek基于深度学习模型，可以根据Word文档或WPS文字中的内容自动生成符合语境的报告框架、摘要，帮助用户快速定位核心信息；可以智能分析文档中的语法、句式和用词，提供更专业的表达替代方案；支持批量转换格式、合并与拆分文档，消除重复劳动，节省劳动时间；内置的智能模板库支持快速生成合同、简历等标准文档；能够自动标记多版本文档的差异、可视化展示修改内容，提高团队协作效率。

本章的主要内容

- ◆ 技巧1 万字长文框架生成
- ◆ 技巧2 公司年报智能摘要与分析
- ◆ 技巧3 专业级文本润色优化

……

技巧 01　万字长文框架生成

如果需要以中年女性的视角写一篇有关家庭伦理关系的论文，可以先借助 DeepSeek 生成文章提纲，再填充内容并加以润色。

在 DeepSeek 对话框中发送以下提示词。

> 你是一位资深的婚恋情感导师，请以中年女性的视角，设计一篇有关家庭伦理关系的文章提纲，文章字数在 2000 字以内，要包含痛点分析、解决方法等，内容翔实，避免空洞。

DeepSeek 生成的提纲如下。

《中年女性的家庭伦理困境与破局之道》
——以亲历者视角解读代际关系、亲密关系与自我价值平衡
一、引言：中年女性的家庭围城（300 字）
场景切入：45 岁全职主妇张莉的典型一天——清晨与叛逆期的儿子争吵，午后应付婆婆的育儿干涉，深夜面对丈夫的冷漠无言
数据支撑：《中国婚姻家庭报告 2023 版》显示，76% 的中年女性存在"情感空心化"症状
核心矛盾：传统家庭角色期待与现代自我意识觉醒的剧烈碰撞
二、痛点分析：四重枷锁下的中年困境（800 字）
1. 亲密关系荒漠化
夫妻对话沦落为事务性交流（水电费 / 孩子成绩）
深夜背对背玩手机的"婚姻冷暴力"常态化
案例：结婚 18 年后发现丈夫精神出轨的私企财务主管的自述
2. 代际关系高压
青春期子女的学业焦虑与情感对抗（升学压力 / 手机依赖 / 早恋）
与公婆育儿理念的碰撞（隔代喂养 / 教育方式分歧）
特殊困境："二胎"开放后"上有老，下有小"的压力
3. 自我价值感湮灭
从职场白领到"××妈妈"的身份剥夺

社会时钟焦虑：更年期生理变化与容貌衰老恐慌
隐蔽伤害：长期从事家务劳动引发"技能贬值恐惧症"

4. 伦理关系错位
原生家庭创伤的代际传递（强势母亲复制控制模式）
家庭经济权失衡衍生的情感勒索（"都是我养家"式的话语暴力）
边界感缺失引发的家族矛盾（亲戚过度介入小家庭事务）

三、破局之道：重建家庭生态系统的实操策略（800字）

1. 亲密关系重塑
沟通革命：
定期开启"20分钟黄金对话"（禁用电子设备+必须有眼神交流）
建立"情感账簿"并定期复盘（记录感动时刻和未解决的矛盾）
激情唤醒实验室：
每月秘密约会日（需要提前48小时预约）
共写婚姻回忆录（从恋爱信物到重大危机事件）

2. 代际关系破冰
亲子关系修复指南：
制定"家庭宪法"，明确权力边界（如在孩子房门上悬挂"沟通申请牌"）
组织主题家庭日活动（角色互换/家族访谈）
智慧应对长辈介入：
用"三明治沟通法"（肯定+需求+感谢）应对育儿分歧
建立缓冲区（委托专业机构处理敏感事务）

3. 自我价值重建
第二人生启动计划：
开发"妈妈经济学"（将家务技能转化为社区服务）
参加45+女性成长社群
身体自主权宣言：
建立私密空间（哪怕只是阳台上的2平方米阅读角）
开展正念训练（更年期瑜伽/舞蹈治疗）

4. 家庭权力结构调整
实施"家庭CEO"制度（轮流担任决策者，培养家庭成员的同理心）
制作情感需求可视化图表（记录各家庭成员的期望值/承受底线）

引入第三方协调机制（专业家庭治疗师／社区调解员）
四、结语：在破碎中重建家庭生态（100字）
金句点睛："真正的家庭不是牺牲，而是让每个成员都成为更好的自己"
行动倡议：从本周开始实践，每周一个微小改变（如每天给自己15分钟的独处时间）
未来展望：中年女性作为家庭情感中枢的觉醒力量

中年女性在家庭中常遇到的问题包括夫妻关系淡化、子女教育分歧、婆媳矛盾、自我价值感缺失等。以上提纲突破传统情感文章范式，将企业管理思维融入家庭伦理建设，提供了可量化、可持续的解决方案，直击中年女性在多重伦理关系中的痛点。

复制以上提纲，粘贴到 Word 文档中进行编辑、确认。

复制编辑后的提纲，打开 WPS 灵犀官网，单击对话框上方的【长文写作】按钮，将提纲粘贴到对话框中，如图 4-1 所示。

图 4-1　WPS 灵犀长文写作

单击对话框上方的【生成文档】按钮，如图 4-2 所示，WPS 灵犀会自动根据提纲中的内容进行创作。

图 4-2　生成文档

WPS 灵犀生成完毕后，单击页面右上方的【去 WPS 编辑】按钮，如图 4-3 所示，即可对 AI 生成的内容进行审校、编辑，处理其中存在的语句问题与知识性差错。单击【下载】按钮，即可将文件下载到本地。

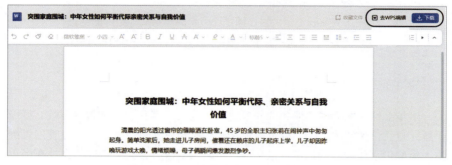

图 4-3　WPS 灵犀生成的长文（部分）

技巧 02　公司年报智能摘要与分析

DeepSeek 能够快速、准确地提取文档中的关键信息，帮助用户梳理、精简文档内容，让文档中的信息一目了然。与此同时，DeepSeek 有较强大的智能推理能力，能够发现文档中存在的潜在问题。

本例上传的是 Word 版本的某公司的年度总结，部分内容如图 4-4 所示。

远方公司 2024 年工作总结

2024 年远方公司在集团各位领导的正确领导下，紧紧围绕"内抓管理、外拓市场、节约挖潜、追求高效"的工作方针，团结一致，克服种种困难，公司生产经营工作得以较好地开展。现将工作情况总结如下。

一、主要经济技术指标完成情况

全年累计实现产值 12.88 亿元（完成计划指标的 73.75%），销售收入 14.68 亿元；加工原料 379000 吨（完成计划指标的 76.88%），其中 1#线加工 4360 吨，2#线加工 142100 吨，3#线加工 234000 吨；共生产成品 301080 吨；全年累计采购原料 359900 吨，其中进口原料 283000 吨。

二、以"节约挖潜、追求高效"为主题，向管理要效益

2024 年对远方加工企业来说是极具挑战性的一年，国内同类加工企业上马

图 4-4　远方公司年度总结的部分内容

单击 DeepSeek 对话框右下角的 @ 按钮，上传待分析的文档后发送以下提示词。

> 请对文档中的内容进行总结，并以表格的形式展示主要指标的完成情况。

DeepSeek 生成的主要指标完成情况汇总表如表 4-1 所示。

表 4-1 主要指标完成情况

指标类别	指标名称	实际值	计划完成率	备注
生产指标	产值	12.88亿元	73.75%	未达计划目标
	加工原料总量	379,000吨	76.88%	1#线4360吨，2#线142100吨，3#线234,000吨
	生产成品总量	301,080吨	-	
采购指标	原料采购总量	359,900吨	-	进口原料占比78.6%（283,000吨）
销售指标	全年销售总量	324,600吨	-	产销基本平衡
	销售收入	14.68亿元	-	货款回收率为98.55%
成本控制	电/煤/五金消耗节约	38万元	-	同比节约用电0.11度/吨料、用煤0.86kg/吨料
	不良品率下降收益	170万元	-	1#线下降0.225%，2#线下降0.246%
安全生产	安全事故数	0起	-	实现"五个零"目标

除了生成主要指标完成情况汇总表，DeepSeek 还对关键成果、存在的问题，以及未来方向进行了总结。

> 关键成果
> 成本优化：通过设备改造和管理优化，全年节约成本 38 万元，不良品率下降带来额外 170 万元的收益。

市场扩张：成功开拓 7 个新市场，产销平衡率达 98.55%。
安全生产：实现全年"零事故"。
存在的问题
设备重复维修率高，外包装质量需要得到改进。
干部责任意识不足，部分生产指标未达计划目标。
未来方向
技术升级：推动生产线自动化改造，降低设备故障率。
质量管控：建立全面的质量管理体系，优化外包装设计。
市场深化：加强零售渠道建设，加快客户服务响应速度。

使用 DeepSeek 对文档中的数据进行"提纯"——去除冗余内容后，决策者更容易洞察其中的关键信息。

技巧 03 专业级文本润色优化

DeepSeek 支持自动检查并修正 Word 文档中的拼写错误、语法错误及标点误用；重组冗长语句，调整主谓结构，确保段落间逻辑衔接自然；删除冗余内容，突出关键数据，显著提升文档质量。

如图 4-5 所示，这是待借助 DeepSeek 进行润色处理的某公司的年度工作总结。

> **北方二公司 2024 年工作总结**
>
> 2024 年北方二公司累计实现产值 12.32 亿元，销售收入 14.67 亿元，加工原料 379000 吨，共生产成品 301080 吨，全年累计采购原料 359900 吨，其中进口原料 283000 吨。
>
> 2024 年，我们将工作重点放在"节约挖潜、追求高效"上，狠抓内部管理，努力降低生产中的各种消耗，提高生产效率，严格控制非生产性开支。
>
> 今年上半年，生产技术部针对不良品较高问题，对设备进行了全面改造。全年累计电耗同比节约 0.13 度/吨料，煤耗同比节约 0.92KG/吨料，五金消耗同比节约 0.175 元/吨料，合计节约成本 38 万余元。同时，1#线、2#线不良品占比同比下降 0.235%和 0.226%，仅此一项就年增加经济效益 190 余万元。
>
> 下半年，生产技术部完成了新职工的培训工作。组织完成了新生产线的调试工作。
>
> 经过一年的努力，生产系统在完成公司安排各项任务的同时，也为公司培养出一批素质过硬，作风过硬，业务精湛的专业技术人员，为公司做出了贡献。

图 4-5 待润色处理的文档内容

单击 DeepSeek 对话框右下角的 ⓤ 按钮，上传待润色处理的文档，并发送以下提示词。

> 附件内容是分公司的年度总结（需要向总公司领导进行汇报），请对文档中的内容进行润色，要求突出业绩，合理化不足，不要虚构数据和文档中没有提及的工作内容，避免使用"可能""大概"等不确定表述。结果以代码形式输出，代码要符合 Markdown 标准。

上述提示词中，说明了使用场景是"向总公司领导进行汇报"，提出了要求"对内容进行润色"，对润色结果进行了约束："要求突出业绩，合理化不足，不要虚构数据和文档中没有提及的工作内容，避免使用'可能''大概'等不确定表述"，最后对输出结果进行了规定："结果以代码形式输出，代码要符合 Markdown 标准。"

DeepSeek 生成的代码如图 4-6 所示。

图 4-6　DeepSeek 生成的代码

单击代码框右上角的【复制】按钮，复制 DeepSeek 生成的代码后打开 Markdown 在线编辑器（https://toolonline.net/markdown），将代码粘贴在编辑器页面左侧，右侧会自动出现整理好的文档。

完成以上操作后，单击【导出 Word 文档】按钮，即可将生成的 Word 文档下载到本地，如图 4-7 所示。

图 4-7　导出 Word 文档

最终生成的 Word 文档效果如图 4-8 所示，其中的各项数据和原文档数据一致。此时，可根据需要对文档进行更改或增删。

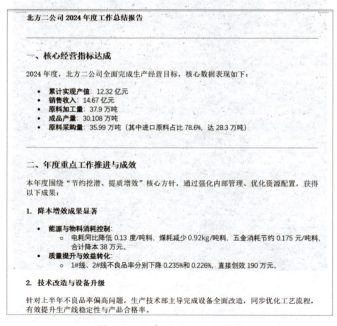

图 4-8　润色后的 Word 文档

技巧 04　借助DeepSeek为Word文档排版

将无格式的文本内容上传到 DeepSeek 中后，可以借助 DeepSeek 完成排版，快速获得整洁、美观的排版效果，不需要手动调整字体、段落间距、标题层级等格式，排版时间获得了极大的节省。

单击 DeepSeek 对话框右下角的 ⓐ 按钮，即可上传待排版的文档。本例上传的是 TXT 格式的文档。完成文档上传后发送以下提示词。

> 请将此文档按通用标准文档的格式进行排版，结果以代码形式输出，代码要符合 Markdown 标准。

复制 DeepSeek 生成的代码，打开 Markdown 在线编辑器，将代码粘贴到编辑器页面左侧，随后，单击【导出 Word 文档】按钮，如图 4-9 所示，将生成的 Word 文档下载到本地，根据实际情况对其进行编辑优化。

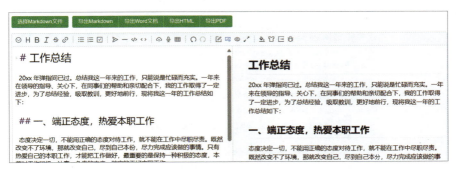

图 4-9　导出 Word 文档

技巧 05　将会议记录转成标准会议纪要

借助 DeepSeek，不仅能够将会议记录转成标准的会议纪要，还能够快速提取出议题、决策、任务等关键信息。

如图 4-10 所示，这是需要借助 DeepSeek 转成会议纪要的某公司的会议记

录初稿，存在部分排版错误，表达偏口语化。

图 4-10　会议记录

复制会议记录内容，粘贴到 DeepSeek 对话框中后，发送以下提示词。

> 请将以上会议记录整理成标准的会议纪要，并总结会议议题及需要解决的问题、明确责任人与完成时限。结果以代码形式输出，代码要符合 Markdown 标准。

DeepSeek 生成的代码如图 4-11 所示。

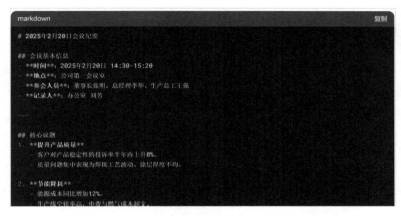

图 4-11　DeepSeek 生成的代码（部分）

复制 DeepSeek 生成的代码，打开 Markdown 在线编辑器，将代码粘贴到编辑器页面左侧。单击【导出 Word 文档】按钮，即可将生成的 Word 文档下载到本地。生成的会议纪要效果如图 4-12 所示。

图 4-12　DeepSeek 生成的会议纪要（部分）

技巧 06　根据知识库内容生成题目

DeepSeek 支持根据知识库内容生成题目，并根据知识库中的关键词和知识点结构自动匹配选择、填空、简答等题型。不需要人工逐题编写，可以大幅缩短出题周期。

如图 4-13 所示，这是员工应知应会知识库的 Word 文档，DeepSeek 需要据此生成不同题型的题目。

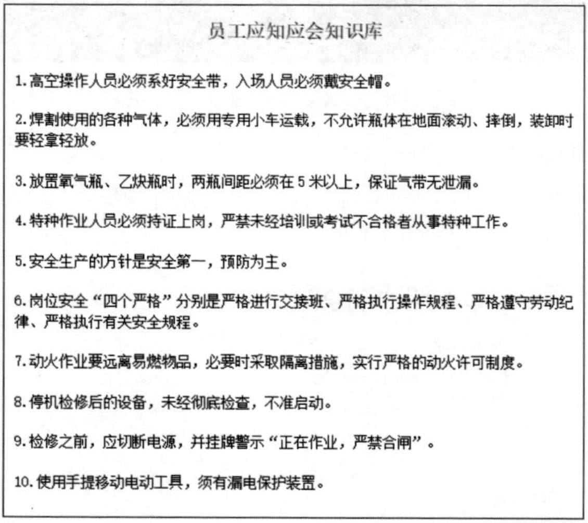

```
员工应知应会知识库

1. 高空操作人员必须系好安全带，入场人员必须戴安全帽。
2. 焊割使用的各种气体，必须用专用小车运载，不允许瓶体在地面滚动、摔倒，装卸时要轻拿轻放。
3. 放置氧气瓶、乙炔瓶时，两瓶间距必须在 5 米以上，保证气带无泄漏。
4. 特种作业人员必须持证上岗，严禁未经培训或考试不合格者从事特种工作。
5. 安全生产的方针是安全第一，预防为主。
6. 岗位安全 "四个严格" 分别是严格进行交接班、严格执行操作规程、严格遵守劳动纪律、严格执行有关安全规程。
7. 动火作业要远离易燃物品，必要时采取隔离措施，实行严格的动火许可制度。
8. 停机检修后的设备，未经彻底检查，不准启动。
9. 检修之前，应切断电源，并挂牌警示 "正在作业，严禁合闸"。
10. 使用手提移动电动工具，须有漏电保护装置。
```

图 4-13　应知应会知识库文档（部分）

单击 DeepSeek 对话框右下角的 @ 按钮，上传 Word 文档，并发送以下提示词。

> 请根据文档中的内容生成题目，题型包括选择、填空和简答，结果以代码形式输出，代码要符合 Markdown 标准。

DeepSeek 生成的考试题代码如图 4-14 所示。

单击代码框右上角的【复制】按钮，复制 DeepSeek 生成的代码后打开 Markdown 在线编辑器，将代码粘贴在页面左侧。单击【导出 Word 文档】按钮，即可将生成的考试题下载到本地。生成的题目如图 4-15 所示，每个问题都对应着原文档中的具体条款，答案是准确无误的。

图 4-14 DeepSeek 生成的考试题代码（部分）

选择题

1. 高空操作人员必须佩戴的安全装备是？
   A. 安全帽
   B. 安全带
   C. 防护手套
   D. 防护眼镜
   答案：B
2. 氧气瓶与乙炔瓶的放置间距要求是？
   A. 2 米
   B. 3 米
   C. 5 米
   D. 10 米
   答案：C
3. 特种作业

填空题

1. 焊割使用的气体瓶体严禁在地面_____或_____。
   答案：滚动、摔倒
2. 安全生产的方针是_____，_____。
   答案：安全第一、预防为主
3. 进入危险容器检修时，必须保证_____人合作，一人检修，另一人_____。
   答案：两、监护
4. 使用手提移动电动工具时，必须安装_____保护装置。
   答案：漏电

简答题

1. 简述"岗位安全四个严格"的具体内容。
   答案：严格进行交接班；严格执行操作规程；严格遵守劳动纪律；严格执行有关安全规程。
2. 停机检修后的设备在启动前需要完成哪些工作？
   答案：必须经过彻底检查，确认无安全隐患后方可启动。
3. 用人单位在劳动合同中需告知劳动者的职业病相关内容有哪些？
   答案：可能产生的职业病危害及其后果、职业病防护措施和待遇。
4. 操作记录填写的要求是什么？
   答案：记录必须真实、准时。
5. 正常操作中的检查包括哪些项目？
   答案：定期记录、检查设备泄漏情况、设备声音和振动情况、生产指标受控情况。

图 4-15 DeepSeek 生成的题目（部分）

技巧 07 核对合同内容是否变更

签订电子版合同时,为了避免对方在未经协商的情况下擅自修改合同条款,可以借助 DeepSeek 逐条对比对方返回的合同与之前保存的合同原件,确认内容是否被修改、被修改内容是否已经过协商。借助 DeepSeek,能够快速对比两份合同的内容差异。

某委托创作合同的原件与合同副本文档如图 4-16 所示。

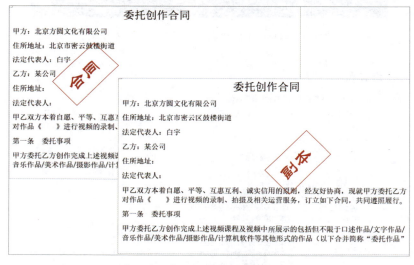

图 4-16 合同与合同副本(部分)

单击 DeepSeek 对话框右下角的 ⓤ 按钮,上传两份需要对比的合同后,在 DeepSeek 对话框中发送以下提示词。

> 请仔细对比两份文件,将内容差异以表格形式列出。表格中要包括文件名、差异内容,以及出现的行次。

DeepSeek 生成的对比结果如表 4-2 所示。

表4-2 内容差异

文件名	差异内容	出现行次
委托创作合同.docx	住所地址：北京市密云鼓楼街道	甲方住所地址行
委托创作合同-副本.docx	住所地址：北京市密云区鼓楼街道	甲方住所地址行
委托创作合同.docx	2.3.3 视频课程要求画质清晰，分辨率不低于1280p	第二条 2.3.3 条款行
委托创作合同-副本.docx	2.3.3 视频课程要求画质清晰，分辨率不低于720p	第二条 2.3.3 条款行
委托创作合同.docx	4.2.1 甲方预付费用时间为验收通过后15个工作日内	第四条 4.2.1 条款行
委托创作合同-副本.docx	4.2.1 甲方预付费用时间为验收通过后10个工作日内	第四条 4.2.1 条款行
委托创作合同.docx	12.2 变更通知或通讯地址需要自变更之日起5个工作日内通知对方	第十二条 12.2 条款行
委托创作合同-副本.docx	12.2 变更通知或通讯地址需要自变更之日起5日内通知对方	第十二条 12.2 条款行

在以表格形式生成对比结果的同时，DeepSeek 还提供了具体的差异说明：

住所地址：合同为"北京市密云鼓楼街道"，副本补充为"北京市密云区鼓楼街道"。
分辨率要求：合同要求"不低于 1280p"，副本降低为"720p"。
预付款时间：合同规定 15 个工作日内，副本缩短为 10 个工作日内。
通知时限：合同要求"5 个工作日内"，副本仅写"5 日内"（未明确是否为工作日）。

技巧 08　评估和预警合同风险

DeepSeek 支持对准备签订的合同进行评估，分析有无不符合法律规定的内容，以及条款表述不清晰、可能引发纠纷的潜在风险，帮助使用者规避可能存在的风险。如图 4-17 所示，是一份需要进行评估、判断是否存在风险的房屋租赁合同。

房屋租赁合同

出租人（甲方）：杨萍 身份证号：372421*******5160 联系电话：158****8346

承租人（乙方）：李方 身份证号：372421*******6528 联系电话：133****5514

根据《中华人民共和国合同法》及相关法律法规的规定，甲、乙双方在平等、自愿的基础上，就甲方将房屋出租给乙方使用，乙方承租甲方房屋事宜，为明确双方权利义务，经协商一致，订立本合同。

第一条 房屋信息

1. 房屋坐落于开发区安德街道现代城小区 14 号楼 2 单元 102 室。
2. 房屋附属设施及家具家电详见附件一：房屋设施清单。

第二条 租赁期限

1. 租赁期限自 2025 年 1 月 1 日至 2025 年 12 月 31 日止。
2. 甲方应于 2024 年 12 月 31 日前交付给乙方，移交房门钥匙后视为交付完成。

第三条 租金及押金

1. 租金人民币 1300 元/月（大写：壹仟叁佰圆整），支付方式为 付 十二 押一 。
2. 租赁期满或合同解除后，房屋租赁押金除抵扣应由乙方承担的费用、租金，以及乙方应当承担的违约赔偿责任外，剩余部分应如数返还给乙方。

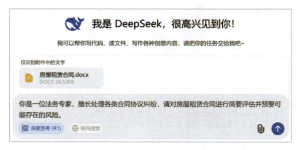

图 4-17 房屋租赁合同（部分）

单击 DeepSeek 对话框右下角的按钮，将合同上传后，在 DeepSeek 对话框中发送以下提示词，如图 4-18 所示。

你是一位法务专家，擅长处理各类合同协议纠纷，请对房屋租赁合同进行简要评估并预警可能存在的风险。

图 4-18 在 DeepSeek 对话框中上传文件并发送提示词

DeepSeek 生成的房屋租赁合同风险评估及预警如下。

1. 身份信息及隐私风险
风险点：合同中，甲方、乙方的身份证号及联系方式部分被隐去（如星号遮挡），但未明确约定隐私保护条款。
建议补充隐私保护条款，约定双方信息仅用于合同履行，禁止擅自泄露或用于其他用途。

2. 交付时间矛盾
风险点：租赁期限从 2025 年 1 月 1 日开始，但甲方需要在 2024 年 12 月 31 日前交付房屋。若实际交房至租期开始期间出现房屋损坏或使用问题，责任归属不明确。
建议明确空置期内的房屋管理责任（如是否需要支付租金、规定维修责任）。

3. 押金退还条款模糊
风险点：押金退还条款未明确退还时间、扣除费用的具体标准，以及争议解决方式，易引发拖延或纠纷。
建议补充押金退还时限（如退租后 7 个工作日内），并细化可扣除费用的范围（如维修费需要提供凭证）。

4. 安全责任划分不合理
风险点：第六条约定"房屋内安全事故均由乙方自行承担"。若事故是房屋本身存在的安全隐患（如电路老化、燃气泄漏）导致，此条款可能因违反《中华人民共和国民法典》而无效。
建议增加甲方对房屋安全性的保证责任，明确乙方仅对自身过错导致的安全事故负责。

5. 违约金比例的合法性存在问题
风险点：提前解约违约金为 0.5 个月的租金，需要确认是否符合当地司法实践（通常不超过总金额的 30%）。若租期仅为 1 年，0.5 个月的租金可能合理，但仍需要明确计算依据。
建议补充违约金计算方式（如按实际损失比例）或直接引用法定上限。

6. 费用分担条款不明确
风险点：物业费、垃圾清运费由甲方承担，但未约定缴费方式（如甲方代缴后向乙方提供凭证）。若甲方未及时缴费导致服务暂停，责任归属不清。

建议明确费用缴纳流程（如甲方需要在缴费截止日前完成代缴），并约定逾期责任。

7. 附属设施清单及交接记录缺失

风险点：附件一列明设施，但未约定交接时的验收流程（如拍照、签字确认），退租时易围绕设施状态产生争议。

建议双方在交房时签署《设施交接确认单》并附照片，作为退租时的依据。

8. 签署日期不一致

风险点：甲方签署日期为2024年12月20日，乙方签署日期为2024年12月22日，可能导致合同生效时间争议。

建议统一签署日期，或注明"自最后签署方签字之日起生效"。

总结建议

合同整体框架符合《中华人民共和国民法典》租赁相关规定，但部分条款需要细化，以降低执行风险。

DeepSeek 详细解读了合同中存在的风险点，并针对风险提示提出了修改、补充建议。

技巧 09　生成领导发言稿

按照"背景+角色+任务+要求"的模式组织提示词，能够让 DeepSeek 在特定范围内生成重点突出、有针对性的发言材料。

例如，在 DeepSeek 对话框中发送以下提示词。

> 请按照如下要求撰写材料：
> 恒信新材料集团要召开集团项目建设推进会，总经理将在会议上讲话。你是总经理的秘书，擅长各类文稿材料的写作，请写一份总经理在集团项目建设推进会上讲话的发言稿，要突出项目建设的紧迫性，结构清晰、逻辑严密，字数控制在 2000 字左右。

提示词中，"恒信新材料集团要召开集团项目建设推进会，总经理将在会议上讲话"是任务背景，"你是总经理的秘书，擅长各类文稿材料的写作"是指定角色，任务是"写一份总经理在集团项目建设推进会上讲话的发言稿"，要求则是"要突出项目建设的紧迫性,结构清晰、逻辑严密,字数控制在 2000 字左右"。

DeepSeek 生成的部分内容如下。

在恒信新材料集团项目建设推进会上的讲话

同志们:

今天我们召开的集团项目建设推进会,既是一次总结经验的交流会,又是一次加压奋进的动员会。当前,集团正处于转型升级的关键期,项目建设既是推动高质量发展的主引擎,又是抢占行业制高点的核心抓手。我们必须清醒地认识到,面对激烈的市场竞争、迫切的产业升级需求、股东与客户的期待,我们的项目建设还存在进度推进速度慢、资源统筹不足、创新突破不够等问题。今天的会议,要以问题为导向,以目标为引领,吹响冲锋号、按下快进键,确保全年项目建设任务高质量完成。下面,我讲三点意见。

一、认清形势、凝聚共识,以"等不起"的紧迫感抢抓发展机遇

1. 从行业竞争形势看,慢一步就步步被动

新材料产业正在经历"技术迭代加速、产能整合提速"的双重变革。据统计,今年上半年,全国新材料领域新增投资规模同比增长 23%,头部企业研发投入强度普遍超过 8%。我们的竞争对手不仅在产能上加速扩张,还在高端产品研发上频频突破。例如,××同行企业近期投产的××项目,其产品性能已接近国际领先水平。如果我们不能抢抓窗口期,迅速形成优势产能,必将错失市场先机。

2. 从政策机遇方面看,快一拍能赢得红利

国家"十四五"规划明确提出,……

……

同志们!项目建设是检验执行力的试金石,是锤炼战斗力的练兵场。今天的现场会,既是对阶段性成果的检验,又是向全年目标冲刺的起点。让我们带着"咬定青山不放松"的韧劲、"不破楼兰终不还"的拼劲,全力以赴抢进度、抓质量、保安全,坚决打赢项目建设攻坚战,为集团高质量发展提供最强支撑!

谢谢大家。

以上发言稿符合现场推进会讲话稿的要求,不仅突出了紧迫感、有效地传递了压力,还在结尾部分用激励性的语言增强了团队信心。

技巧 10　根据销售数据生成销售分析报告

DeepSeek 可以基于表格内容生成描述性文档,快速将表格数据转化为易于理解的文本描述,方便用户完成报告编写、数据分析、信息整理等工作,提高工作效率。

如果手头有销售数据,但不知道应该如何有效地提取信息,可以借助 DeepSeek 提炼信息。

如图 4-19 所示,是某公司商品销售数据表的部分内容,需要借助 DeepSeek 对其进行深入解读。

图 4-19　销售数据(部分)

在 DeepSeek 对话框中输入以下提示词。

> 我希望 DeepSeek 根据销售数据生成详细的销售分析报告,我应该如何提问?

DeepSeek 会生成一个提问模板。

首先明确分析需求:
1. 整体表现
按月 / 季度 / 年呈现销售额、销售量、利润率的趋势变化
关键指标同比 / 环比增长率
2. 产品维度
Top 10 畅销产品(按销售额 / 利润筛选)
各产品类别的销售额占比及利润对比
低效产品识别(如利润率 <5% 或销量同比下降 >20%)

3. 区域 / 渠道分析

各地区销售额、利润排名及对比

线上 VS 线下渠道表现（增长率、客单价差异）

4. 客户分析

高价值客户识别（Top 10 客户贡献度）

新客户获取 VS 老客户复购分析

5. 深度洞察

发现数据异常点（如特定月份暴跌 / 暴涨）

给出提高销售额的具体建议（如应重点推广的地区 / 产品）

6. 可视化需求

生成柱状图 / 折线图 / 饼图（需要说明具体的图表类型）

关键指标用加粗 / 颜色标注

根据以上提问模板的提示，对实际分析需求进行梳理。

单击 DeepSeek 对话框右下角的 🔘 按钮，上传销售数据，并在 DeepSeek 对话框中发送以下提示词。

> 你是一位资深的服装鞋帽零售市场营销专家，请基于表格中的销售数据生成一份分析报告，报告需要包含以下内容：
> 按产品季度属性呈现销售额的变化趋势，按销售金额提取 Top 5 的畅销产品清单和销量占比不足 5% 的低效产品清单，并给出提高销量的关键建议。

DeepSeek 生成的销售分析报告如下。

一、按产品季度属性呈现销售额变化趋势

季节	销售额（元）	占比	趋势分析
秋	58,243	38%	销售额最高，需求集中在休闲鞋、外套等品类，可能与换季需求相关
冬	33,817	22%	羽绒服、棉鞋等高单价商品表现突出，但季节末期销量略有下降

续表

季节	销售额（元）	占比	趋势分析
春	30,952	20%	长袖衬衫、休闲鞋类销售额增长显著，符合春季上新趋势
常年	18,629	12%	基础款布鞋（如黑色单鞋）和配饰销量稳定但增速较慢
夏	9,610	6%	仅少量夏装有销量，占比最低，需要提前布局夏季产品线

结论：秋季为销售旺季，冬季、春季次之，夏季需要加强市场预热。

二、Top 5 的畅销产品清单

排名	商品名称	销售金额（元）	关键特征
1	女式休闲外套（2号色）	7,807	休闲风格、春季/秋季、高单价
2	男式中式改良布鞋（黑色）	5,689	中式风格、基础款、高频复购
3	女式时尚长袖衬衫（金色）	5,233	时尚风格、高单价
4	女式休闲风衣（棕色）	7,637	休闲风格、春季/秋季、高单价
5	男式休闲皮鞋（黑色）	4,829	正装/休闲装、高频销售

特征总结：高单价外套和经典色（黑色、棕色）鞋类占主导，女性的市场贡献显著。

三、销量占比不足 5% 的低效产品清单

低效产品筛选标准：单款销量≤7 件（占比≤5%）

商品代码	品类名称	销量（件）	占比	问题定位
173506004	鞋配（白色）	1	0.7%	非刚需，颜色单一

续表

商品代码	品类名称	销量（件）	占比	问题定位
142113046	布鞋（黑色）	2	1.3%	款式陈旧，缺乏吸引力
171301996	布鞋（绿色）	3	2.0%	颜色小众
184144266	长袖衬衫（1号色）	1	0.7%	设计同质化，缺乏亮点
174446005	坎肩（红色）	1	0.7%	适用场景有限，推广不足

四、提升销售额的关键建议

季节性策略优化

秋季：增加休闲鞋、外套的库存并加大促销力度（如满减活动）。

春季：主推长袖衬衫和风衣，结合"春日焕新"主题营销。

夏季：提前上架T恤、凉鞋，利用社交媒体预热。

畅销品强化

针对Top 5的商品，增加陈列曝光，推出"明星单品"限时折扣（如金色长袖衬衫）。

开发同类高潜力款式（如更多金色/红色时尚设计）。

低效产品清库存

捆绑销售：将低效鞋与畅销鞋搭配销售。

打折促销：对滞销布鞋设置"清仓专区"，降价30%～50%。

设计迭代：淘汰同质化款式（如1号色衬衫），引入流行元素（如撞色、印花）。

数据驱动选品

分析消费者的颜色偏好：黑色、红色、酒红色等高转化颜色的产品优先补货。

动态监控"常年"款销售情况，及时调整基础款SKU（如增加灰色布鞋、卡其色布鞋）。

渠道与推广

线上：通过直播带货重点推广高单价冬装（羽绒服）和春装（风衣）。

线下：在门店设置"季节专区"，强化场景化陈列（如秋装搭配鞋帽）。

总结：通过季节性精准营销、畅销品优先陈列、低效品快速清仓等措施，可显著优化整体销售表现。建议每两周复盘一次数据并动态调整销售策略。

技巧 11 根据日程表生成设备检修计划

DeepSeek 支持快速识别检修日程表中的项目、时间节点等结构化数据,并将其转化为连贯的文字描述。

如图 4-20 所示,是某公司设备检修日程表的部分内容,可借助 DeepSeek 将其转换为文字形式的检修计划。

日期	部门	检修项目	实施人
2025-1-1至2025-1-7	前置清理车间	D110到D114流管修补	机修组
2025-1-1至2025-1-3	前置清理车间	1-2楼换灯泡	土建队
2025-1-1至2025-1-4	前置清理车间	加热器D208H清理	孙荣清
2025-1-1至2025-1-4	前置清理车间	各个设备加油	张开元
2025-1-5至2025-1-10	前置清理车间	仓下加大存料箱	设备厂家
2025-1-1至2025-1-5	前置清理车间	所有风机清理叶轮、脉冲除尘	张开元
2025-1-1至2025-1-5	前置清理车间	D230,D234提升机加视镜,底座割孔	王卫东
2025-1-1至2025-1-5	前置清理车间	D123A,D123B轴承加油	孙荣清
2025-1-1至2025-1-6	喷淋车间	循环水泵维修蝶阀	贺德坤
2025-1-1至2025-1-7	配电	清理空压机,换机油滤芯,整理蒸汽流量计信号线	邢振厚

图 4-20 检修日程表

单击 DeepSeek 对话框右下角的 @ 按钮,上传检修日程表后在 DeepSeek 对话框中发送以下提示词。

> 请将表格中的内容转换为文字形式的检修计划,不得遗漏或增加项目。

DeepSeek 生成的检修计划如下。

日期:2025-1-1 至 2025-1-7
部门:前置清理车间
检修项目:D110 到 D114 流管修补
实施人:机修组

日期:2025-1-1 至 2025-1-3
部门:前置清理车间
检修项目:1-2 楼换灯泡
实施人:土建队

日期：2025-1-1 至 2025-1-4

部门：前置清理车间

检修项目：加热器 D208H 清理

实施人：孙荣清

日期：2025-1-1 至 2025-1-4

部门：前置清理车间

检修项目：各个设备加油

实施人：张开元

日期：2025-1-5 至 2025-1-10

部门：前置清理车间

检修项目：仓下加大存料箱

实施人：设备厂家

日期：2025-1-1 至 2025-1-5

部门：前置清理车间

检修项目：所有风机清理叶轮、脉冲除尘

实施人：张开元

日期：2025-1-1 至 2025-1-5

部门：前置清理车间

检修项目：D230、D234 提升机加视镜，底座割孔

实施人：王卫东

日期：2025-1-1 至 2025-1-5

部门：前置清理车间

检修项目：D123A、D123B 轴承加油

实施人：孙荣清

日期：2025-1-1 至 2025-1-6

部门：喷淋车间
检修项目：循环水泵维修蝶阀
实施人：贺德坤

日期：2025-1-1 至 2025-1-7
部门：配电
检修项目：清理空压机，换机油滤芯，整理蒸汽流量计信号线
实施人：邢振厚

DeepSeek 生成的检修计划结构清晰、易于阅读，适合用在工作总结等文件中。

技巧 12 轻松改变文字内容的风格

借助 DeepSeek，能够智能调整技术文档的语言难度（专家报告或大众科普），优化信息传达效果，适配会议、出版等不同场景的需求。

如图 4-21 所示，是一篇技术类图书的书评，借助 DeepSeek，可以转换书评内容的呈现风格。

> 学会如何处理和应用数据是我们这个时代迫切的需求。
> 这本书是 Excel Home 专家团队为大家打造的提高 Excel 技术能力的又一部"宝典"。厚厚的图书凝聚了海量的知识。书中内容精炼、全面，有大量贴合实际的案例及图文并茂的步骤指引，由浅入深地引领读者一步一步理解、熟悉并掌握扎实的 Excel 操作知识，让你在数据处理和应用中更加游刃有余。

图 4-21 书评内容

复制以上内容，粘贴到 DeepSeek 对话框中，并发送以下提示词。

请将以上图书书评内容转换为天津快板风格。

DeepSeek 生成的内容如下。

（竹板声起）
竹板这么一打呀，别的咱不夸
Excel Home 有秘籍，内容顶呱呱
数据时代要玩转，技术得狠抓
专家团队造宝典，厚得不像话！
（嘚啷当哩咯啷）
知识如海量，案例带火花
图文并茂手把手，从浅往深里挖
海量知识往里塞，就像金疙瘩
技术学到手心里，干活儿不抓瞎！
（嘚啷当哩咯啷）
工作遇难题？书里找解法
透视表里乾坤大，图表会开花
代码编写与函数，利索不抓瞎
天津卫的办公族，这书赶紧买回家！
（脆生生收板）
哎！赶紧买回家！

继续给 DeepSeek 提供指令。

请将图书书评内容转换为金庸的写作风格。

DeepSeek 生成的内容如下。

江湖传闻，当今武林纷争皆系于"数术"二字。谁人得窥数据处理之玄机，便如手握屠龙宝刀，可号令天下群雄。然此道艰深晦涩，寻常侠士纵使耗尽毕生功力，亦难参透其中诀窍。
忽有一日，Excel Home 门下九大护法长老联袂出山，将毕生所悟铸成一部 Excel 应用宝典。此典厚逾三寸，纸页间暗藏三十六路函数心法、七十二式图表绝技，更有 VBA 内功心法深藏其中。江湖老手观之，但见字里行间剑气纵横；初入武林者抚卷，亦有清风明月引路之妙。

书中招式皆取自丐帮弟子、镖局总舵、六大门派比武论剑之奇思妙算。每招每式皆以连环画本形式呈现，墨线勾勒处暗合周易八卦，朱砂批注间隐现北斗七星。昔年光明顶张真人传道，尚需七年方能筑基；而今按此典修炼，只需三载便可打通任督二脉。待到融会贯通之时，纵是百万数据如潮水涌来，亦能如凌波微步般穿梭其间。

以上两个版本的内容用不同风格呈现了 Excel Home 所著图书的权威性、内容丰富性、案例实用性，以及教学方式由浅入深的特点。

技巧 13　批量转换 .docx 格式为 .pdf 格式

借助 DeepSeek 生成 VBA 代码，能够将 .docx 格式的文件批量转换为 .pdf 格式的文件，便于分发或存档。

如图 4-22 所示，在 E 盘的【产品说明】文件夹中，有大量 .docx 格式的产品说明书，需要全部转换为 .pdf 格式的文件。

图 4-22　产品说明书

在 DeepSeek 对话框中发送以下提示词。

> 在 Windows 系统中，希望将 E 盘的【产品说明】文件夹中的 .docx 格式的文件全部转换为 .pdf 格式的文件，请提供 VBA 代码及操作过程。

以上提示词中，说明了使用环境是"Windows 系统"，文件路径是"E 盘的【产品说明】文件夹"，目标是"将 .docx 格式的文件全部转换为 .pdf 格式的文件"，要求 DeepSeek "提供 VBA 代码及操作过程"。

DeepSeek 生成的 VBA 代码如图 4-23 所示。

图 4-23　DeepSeek 生成的 VBA 代码

复制 DeepSeek 生成的 VBA 代码，按 DeepSeek 提供的操作方法新建一个 Word 文档，按 <Alt + F11> 组合键进入 VBA 开发环境后，依次单击【插入】→【模块】命令，如图 4-24 所示，插入一个模块。

图 4-24　插入模块

在左侧窗格中单击插入的模块，在右侧代码窗口中按 <Ctrl+V> 组合键粘贴 VBA 代码，随后单击运行按钮，如图 4-25 所示。

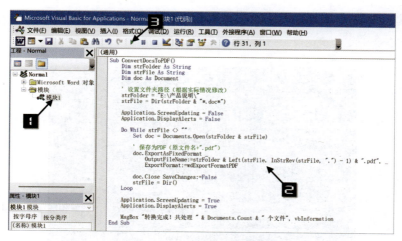

图 4-25 粘贴并运行代码

运行完毕，E 盘的【产品说明】文件夹中会自动生成同名的 .pdf 格式的文件，如图 4-26 所示。

图 4-26 转换后的 .pdf 格式的文件

第 5 章

DeepSeek 数据大师：Excel 效率革命

DeepSeek 能够显著扩展 Excel/WPS 表格的功能边界，使其从数据处理工具升级为智能分析助手。例如，借助 DeepSeek，可以通过自然语言描述自动生成 Excel 公式或复杂的 VBA 代码，高效解读、整理数据，自动生成总结报表，并对公式或代码进行纠错、优化。

本章的主要内容

- ◆ 技巧 1 借助 DeepSeek 生成常用 Excel 函数的功能描述表
- ◆ 技巧 2 借助 DeepSeek 生成常用 Excel 快捷键表格
- ◆ 技巧 3 借助 DeepSeek 根据描述自动生成 Excel 公式

……

技巧 01 借助DeepSeek生成常用Excel函数的功能描述表

初学者可以借助 DeepSeek 生成常用 Excel 函数的功能描述表,便于日常学习、巩固。

在 DeepSeek 对话框中发送以下提示词。

> 请以表格形式生成常用的 Excel 函数及其功能描述。

DeepSeek 生成的常用的 Excel 函数及其功能描述如表 5-1 所示。

表 5-1 常用的 Excel 函数及其功能描述

函数名称	分类	功能描述	示例
VLOOKUP	查找与引用	按列查找并返回对应值	=VLOOKUP(A2, B2:C10, 2, FALSE)
HLOOKUP	查找与引用	按行查找并返回对应值	=HLOOKUP(A1, A1:F5, 3, FALSE)
XLOOKUP	查找与引用	更强大的双向查找	=XLOOKUP(A2, B2:B10, C2:C10)
INDEX	查找与引用	返回指定位置的值	=INDEX(A1:C10, 2, 3)
MATCH	查找与引用	返回查找值的位置	=MATCH(A2, B2:B10, 0)
IF	逻辑	根据条件返回不同结果	=IF(A1>60, "合格", "不合格")
IFS	逻辑	多条件判断	=IFS(A1>90, "优", A1>80, "良")
SUM	数学与三角	求和	=SUM(A1:A10)
SUMIF	数学与三角	按条件求和	=SUMIF(A2:A10, ">20", B2:B10)

续表

函数名称	分类	功能描述	示例
SUMIFS	数学与三角	多条件求和	=SUMIFS(C2:C10,A2:A10,">20",B2:B10,"<50")
AVERAGE	统计	计算平均值	=AVERAGE(A1:A10)
COUNT	统计	计算数值单元格数量	=COUNT(A1:A10)
COUNTIF	统计	按条件计数	=COUNTIF(A1:A10, ">60")
COUNTA	统计	计算非空单元格数量	=COUNTA(A1:A10)
LEFT	文本	提取文本左侧指定字符数	=LEFT(A1, 3)
RIGHT	文本	提取文本右侧指定字符数	=RIGHT(A1, 2)
MID	文本	从指定位置提取文本	=MID(A1, 2, 4)
TEXTJOIN	文本	用分隔符连接文本	=TEXTJOIN(",", TRUE, A1:A5)
TODAY	日期与时间	返回当前日期	=TODAY()
NOW	日期与时间	返回当前日期和时间	=NOW()
DATEDIF	日期与时间	计算两个日期之间的差值	=DATEDIF(A2, B2, "D")
FILTER	动态数组	按条件筛选数据	=FILTER(A2:C10, B2:B10>100)
UNIQUE	动态数组	提取唯一值	=UNIQUE(A2:A10)

 借助DeepSeek生成常用Excel快捷键表格

借助 DeepSeek 生成常用的 Excel 快捷键表格后，可以打印出来，张贴在工位旁，便于在日常工作中查找、使用，提高工作效率。

在 DeepSeek 对话框中发送以下提示词。

> 请以表格形式罗列常用的 Excel 快捷键，按功能进行分类，并以 A4 纸为标准进行排版。

DeepSeek 生成的常用 Excel 快捷键如表 5-2 所示。

表 5-2　常用 Excel 快捷键

分类	快捷键	功能描述
导航与选择	Ctrl + 方向键（↑/↓/←/→）	跳转到数据区域边缘
	Ctrl + Home	回到A1单元格
	Ctrl + End	跳转到工作表最后一个有内容的单元格
	Shift + 空格	选中整行
	Ctrl + 空格	选中整列
	Ctrl + A	全选当前数据区域
编辑与操作	Ctrl + C	复制选中内容
	Ctrl + X	剪切选中内容
	Ctrl + V	粘贴内容
	Ctrl + Z	撤销上一步操作
	Ctrl + Y	恢复撤销的操作
	Ctrl + D	向下填充（复制上方单元格内容）

续表

分类	快捷键	功能描述
编辑与操作	Ctrl + R	向右填充（复制左侧单元格内容）
	Alt + Enter	单元格内换行
格式设置	Ctrl + B	加粗/取消加粗
	Ctrl + I	斜体/取消斜体
	Ctrl + U	下划线/取消下划线
	Ctrl + 1	打开【单元格格式】对话框
	Ctrl + Shift + ~	设置为通用格式
	Ctrl + Shift + $	设置为货币格式
公式与数据	F2	编辑当前单元格
	Ctrl + ;	插入当前日期
	Ctrl + Shift + :	插入当前时间
	Alt + =	快速输入SUM求和公式
	Ctrl + Shift + Enter	输入数组公式
	Ctrl + T	创建表
	Ctrl + Shift + L	开启/关闭筛选
其他常用Excel快捷键	F1	打开帮助中心
	Ctrl + S	保存文件
	Ctrl + P	打开打印界面
	Ctrl + F	查找内容
	Ctrl + H	替换内容
	F4	重复上一步操作/切换绝对引用
	Ctrl + E	快速填充（Excel 2013+）

 ## 借助DeepSeek根据描述自动生成Excel公式

DeepSeek 可以根据用户描述自动生成 Excel 公式，从而显著提高用户的工作效率。如果不知道应该怎样描述自己的计算需求，可以参考以下步骤。

首先，明确数据范围，如"数据位于工作表 Sheet1 的 A1:C100 区域"。

其次，明确计算逻辑，即详细描述希望 DeepSeek 执行的计算操作，比如"计算每个月的销售总和""找出大于 100 的值并计算其平均数"。

最后，明确输出结果的位置，即希望将结果显示在哪里，如"将结果显示在 E 列"。

如果有特殊的格式要求或条件要求，需要一并说明，比如"保留两位小数""按照日期筛选"。

举个例子，可以这样描述："我需要在 Excel 中计算'A 列'中数据的总和，并将结果显示在 B1 单元格。"

提供的信息越详细，DeepSeek 越能精准生成用户所需要的 Excel 公式。

如图 5-1 所示，是一张员工信息表。现在，我们希望借助 DeepSeek，根据 G2 单元格中的条件，在 I 列显示相应部门的人员姓名。

	A	B	C	D	E	F	G	H	I
1		工号	姓名	部门	年龄		部门		姓名
2		068	李佳永	生产部	30		生产部		
3		014	李翠兰	生产部	37				
4		055	汤芝芬	生产部	57				
5		106	梁淑珍	生产部	48				
6		107	陆仲华	销售部	38				
7		118	高徐颖	行政部	32				
8		236	苏秀华	生产部	24				
9		237	丁义珍	财务部	24				
10		114	彭保贞	销售部	25				
11		238	杨明艺	财务部	30				
12		069	胡文奇	行政部	24				
13		239	范绍雄	财务部	33				
14		240	郭云丽	财务部	29				
15		241	陈正明	生产部	35				
16		242	张华昌	生产部	48				

图 5-1　员工信息表

在 DeepSeek 对话框中发送以下提示词。

> 数据位于 B1:E16 单元格区域，从左到右，各字段的标题分别为工号、姓名、部门、年龄。请根据 G2 单元格中的部门信息，返回该部门的全部人员姓名。公式结果存放在以 I2 为开始的单元格区域内。

DeepSeek 生成了两个适用于不同版本的 Excel 的公式。

方法 1：使用 FILTER 函数（适用于 Excel 365 或支持动态数组的 Excel）
=FILTER(C2:C16,D2:D16=G2," 无人员 ")
C2:C16 是姓名列的数据范围。
D2:D16=G2 用于筛选部门等于 G2 的数据。
"无人员" 是未找到数据时的提示信息（可选）。

方法 2：使用数组公式（兼容旧版 Excel）
在 I2 单元格中输入以下公式，按 <Ctrl+Shift+Enter> 组合键确认并向下拖动填充：
=IFERROR(INDEX($C$2:$C$16,SMALL(IF($D$2:$D$16=$G$2,ROW($D$2:$D$16)-ROW($D$2)+1),ROW(A1))),"")
说明：
IF($D$2:$D$16=$G$2, ...) 用于检查部门是否匹配。
ROW(...) 用于计算符合条件的行号。
SMALL 和 ROW(A1) 组合可以依次提取匹配项。
IFERROR 用于处理无更多结果的情况。

步骤总结
FILTER 函数：直接返回所有匹配结果，自动溢出到相邻单元格。
数组公式：需要手动填充，依次显示每个匹配的姓名。
请根据您的 Excel 版本选择合适的方法。

按上述说明的方法操作，在 Excel 工作表中的 I2 单元格输入公式，结果如图 5-2 所示，成功筛选出了"生产部"的所有员工姓名。

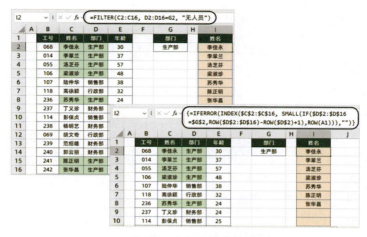

图 5-2 公式运算结果

借助DeepSeek根据需求生成Excel公式

合并单元格用于只有合并区域的第一个单元格内有数据，其他单元格为空的情况。例如，如果 A2:A4 合并，应该只有 A2 单元格内有数据，A3 单元格和 A4 单元格为空。

如图 5-3 所示，工作表 A 列的合并单元格导致日期列的内容显示不完整，现在希望通过输入一个公式，将结果自动填充到相应区域（不需要拖动填充）。

	A	B	C	D
1	日期	姓名	加班费	日期
2	2023-10-01	乔麦	97	
3		黄金和	71	
4		庞玉宠	39	
5	2023-10-02	左青明	80	
6		段恩佳	13	
7		陈明霞	90	
8	2023-10-03	冯思军	55	
9		赵凯明	50	

图 5-3 带合并单元格的表格

在 DeepSeek 对话框中发送以下提示词。

> A2:A9 中是一些带有合并单元格的日期，需要使用公式将这些合并单元格填充完整。要求在 D2 单元格内输入公式，结果要能自动溢出。

在以上提示词中，"A2:A9 中是一些带有合并单元格的日期，需要使用公式将这些合并单元格填充完整"是计算需求，"要求在 D2 单元格内输入公式，结果要能自动溢出"是公式效果需求。

DeepSeek 生成的公式如下。

> 在 Excel 中处理合并单元格填充的经典解决方案如下（适用于支持动态数组的 Excel 365 或 2021+ 版本）：
> =SCAN(,A2:A9,LAMBDA(a,v,IF(v="",a,v)))
> 公式原理分步说明：
> SCAN 函数：Excel 365 新增的扫描函数可以遍历数组并累积计算结果，特别适合用于处理需要连续记忆的场景。
> LAMBDA 函数的逻辑：
> a 代表累积器（前一个单元格的计算结果）
> v 代表当前遍历到的单元格值
> IF(v="",a,v) 表示：如果当前单元格为空，则保持之前的结果（a）；如果当前单元格有值，则用新值覆盖（v）。
> 自动溢出：当在 D2 单元格内输入公式，结果会自动向下填充 D3:D9 区域，不需要手动拖动。

将 DeepSeek 生成的公式复制并粘贴到 Excel 工作表的 D2 单元格中，结果如图 5-4 所示。

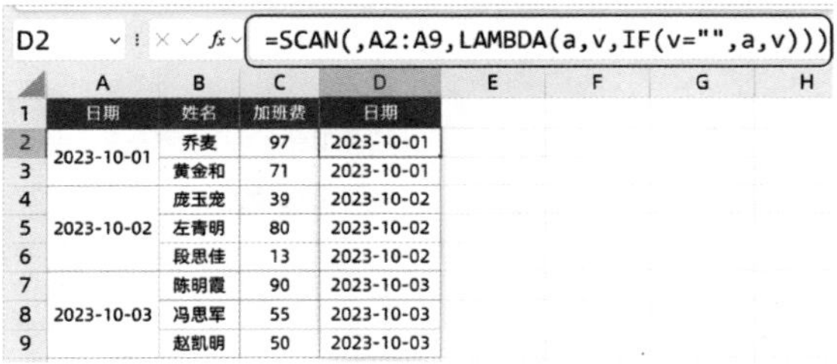

	A	B	C	D
1	日期	姓名	加班费	日期
2	2023-10-01	乔麦	97	2023-10-01
3		黄金和	71	2023-10-01
4		庞玉宠	39	2023-10-02
5	2023-10-02	左青明	80	2023-10-02
6		段恩佳	13	2023-10-02
7		陈明霞	90	2023-10-03
8	2023-10-03	冯恩军	55	2023-10-03
9		赵凯明	50	2023-10-03

图 5-4　公式填充效果

技巧 05　借助DeepSeek解读Excel公式

借助 DeepSeek，可以对 Excel 公式进行解读，帮助初学者理解、使用相关 Excel 公式。

如图 5-5 所示，在 F3 单元格中使用了公式"=VLOOKUP(E3,B1:C12,2,0)"（根据指定的姓名查找职务信息）。我们借助 DeepSeek 对公式进行解读，帮助初学者理解以上公式的含义。

图 5-5　根据两个条件查找结果

在 DeepSeek 对话框中发送以下提示词。

> 你是一位擅长 Excel 函数公式讲解的高级讲师，请详细解读公式"=VLOOKUP(E3,B1:C12,2,0)"，需要让一个刚刚接触 Excel 函数公式的新手能听懂。

DeepSeek 生成的解读结果如下。

> 让我们一步步解析公式"=VLOOKUP(E3, B1:C12, 2, 0)"。
> 假设你是一个 Excel 新手，我会用简单易懂的语言解释公式每个部分的作用。
> 1. 公式的作用是什么？
> VLOOKUP 是一个垂直查找函数，它像一个小助手，能帮你在一张表格中快速找到某个值，并返回对应的结果。

例如：

你有一个产品价格表（B 列是产品名称，C 列是价格）。

现在你想输入一个产品名称（比如 E3 单元格的值），让 Excel 自动帮你查找它的价格。

这个公式就是帮你完成这项任务的。

2. 拆解公式的每个参数

公式的结构是 =VLOOKUP(找什么 , 在哪里找 , 返回第几列的数据 , 怎么找)

对应到你的公式：

"=VLOOKUP(E3, B1:C12, 2, 0)"

参数 1：找什么？

E3：你要查找的值。比如，在 E3 单元格中输入"苹果"，Excel 就会在表格中找"苹果"。

参数 2：在哪里找？

B1:C12：查找的范围。Excel 会在这个区域的第一列（B 列）中搜索"苹果"。

关键点：查找的值（比如"苹果"）必须在这个区域的第一列中（B 列），否则会出错。

参数 3：返回第几列的数据？

2：表示返回查找范围（B1:C12）中第 2 列（C 列）的数据。

比如，找到"苹果"在 B 列的第 5 行，就会返回 C5 单元格的值（比如价格为 10 元）。

参数 4：怎么找？

0：表示"精确匹配"（必须完全一致）。

如果写成 1 或省略，则是"近似匹配"（比如某个数值区间）。大多数情况下写成 0。

3. 常见错误和注意事项

错误 #N/A：如果 E3 的值在 B 列中找不到，会显示此错误。可以用 IFERROR 函数处理（例如：=IFERROR(VLOOKUP(...)," 未找到 ")）。

列号错误：如果参数 3 写成 3，但查找范围只有 B:C 两列，就会报错。

区域未固定：如果公式需要下拉填充，记得用 $ 锁定区域：B$1:C$12，否则区域会变动。

总结一句话，这个公式的意思是：

"在 B1 到 C12 区域的第一列（B 列）中，查找 E3 单元格的内容，找到后返回同一行第 2 列（C 列）的值，必须精确匹配。"

试着用实际数据操作几次,你会更清楚它的逻辑!

以上解读逐步拆解了公式,详细解释了每个部分的作用,以及整个公式的运算过程。

技巧 06　借助DeepSeek对Excel公式进行纠错

借助 DeepSeek,能够对结果出错或者不能正确运行的 Excel 公式进行分析、纠错,并获得正确建议。

如图 5-6 所示,我们希望使用以下公式,根据 A2 单元格中的数量返回对应的级别,规则是 A2 小于 5 显示为"甲级",在 5 和 20 之间返回"乙级",不符合这两个条件则返回"其他"。现在,A2 单元格的数量是 15,应该返回"乙级",但是公式返回了不正确的结果("其他"),需要梳理一下公式出错原因。

=IF(A2<5," 甲级 ",IF(5<=A2<20," 乙级 "," 其他 "))

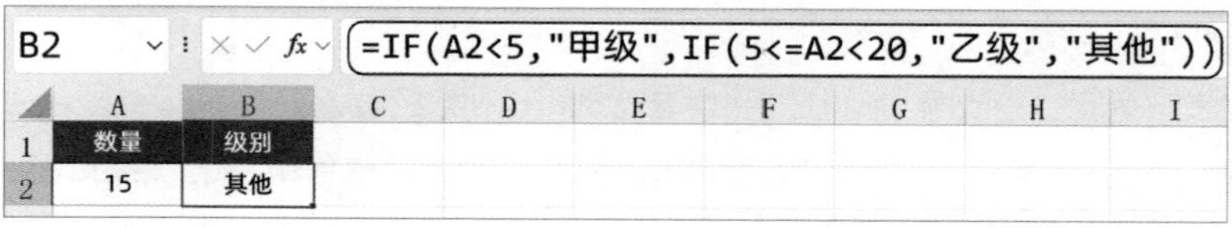

图 5-6　公式错误

在 DeepSeek 对话框中发送以下提示词。

> 你是一位资深的 Excel 讲师。我希望根据 A2 单元格中的数量返回对应的级别,判断规则是 A2 小于 5 显示为"甲级",在 5 和 20 之间返回"乙级",不符合这两个条件则返回"其他"。现在的公式是"=IF(A2<5," 甲级 ",IF(5<=A2<20," 乙级 "," 其他 ")",计算结果不正确,为什么?

DeepSeek 生成的内容如下。

你的公式存在逻辑判断错误,主要原因是 Excel 不支持数学中的连续比较写法。正确的公式应为:

=IF(A2<5," 甲级 ",IF(A2<20," 乙级 "," 其他 "))

原公式中的 5<=A2<20 在 Excel 中会被解析为 (5<=A2) < 20，5<=A2 返回 TRUE（数值 1）或 FALSE（数值 0），然后用 TRUE/FALSE 与 20 比较（即 1<20 或 0<20），结果永远为 TRUE，导致当 A2 ≥ 5 时，无论多大都显示"其他"。

Excel 的 IF 函数应逐层排除已处理区间：

第一层 A2<5 处理为"甲级"，剩余情况自动满足 A2 ≥ 5，第二层只需要判断 A2<20 即可覆盖"乙级"，最后剩下的自然属于"其他"（A2 ≥ 20）。

将 DeepSeek 纠错后的公式复制并粘贴到 B2 单元格，在 A2 单元格内输入不同的数值进行验算，结果准确无误，如图 5-7 所示。

图 5-7　验证 DeepSeek 纠错后的公式

技巧 07　借助DeepSeek设置Excel条件格式

借助 DeepSeek，能够对 Excel 表格设置条件格式，使之突出显示具备指定特征的数据。

如图 5-8 所示，是某公司的销售业绩表。借助 DeepSeek，我们可以根据 D 列的业绩判断员工的工作情况，对业绩前三名的记录进行整行高亮显示。

	A	B	C	D
1	工号	姓名	负责区域	业绩
2	10120	柯梅雪	黑龙江	5960
3	10122	吴支雄	吉林	4930
4	10128	叶文杰	辽宁	5190
5	10130	朱家喜	河北	5050
6	10138	周国超	内蒙	5000
7	10140	汪婷婷	京津	5510
8	10142	方建忠	山东	5480
9	10144	蔡欣润	山西	4240
10	10216	王钊源	江苏	4560
11	10218	田锡昊	浙江	5450
12	10222	叶文婷	河南	5140
13	10250	曾芳	广东	4990

图 5-8　销售业绩表

将销售业绩表发送给 DeepSeek 并在对话框中输入以下提示词。

> 你是一名资深的 Excel 讲师，我希望对工作表中的业绩前三名记录进行整行高亮显示，需要如何操作？

DeepSeek 生成的结果如下。

在 Excel 中为业绩前三名的内容设置整行高亮显示，可以按以下步骤操作。

步骤 1：选择数据范围

选中表格区域 A2:D13（包含数据的所有行，不包含标题）。

步骤 2：新建条件格式规则

单击菜单栏的【开始】→【条件格式】→【新建规则】选项，选择【使用公式确定要设置格式的单元格】。

步骤 3：输入公式

在公式框中输入以下公式：

=AND(D2>=LARGE($D$2:$D$13,3),D2<>"")

公式解析：

LARGE($D$2:$D$13,3)：找到业绩列（D2:D13）中第三大的值。

D2>=...：判断当前行的业绩是否大于等于第三大的值，即是否为前三名。

D2<>""：排除空单元格。

步骤 4：设置填充颜色

单击【格式】→【填充】按钮，选择一种颜色，如浅绿色。

单击【确定】按钮保存规则。

此时，业绩前三名的内容会自动整行高亮显示。

示例数据中，业绩前三名为 5960（柯梅雪）、5510（汪婷婷）、5480（方建忠），其所在行会被标记。

复制 DeepSeek 给出的公式，严格按说明步骤进行操作，验证公式是否符合要求。

选中 A2:D13 单元格区域，在【开始】选项卡下依次单击【条件格式】→【新建规则】选项，在弹出的【新建格式规则】对话框中选择【使用公式确定要设置格式的单元格】，随后，在公式编辑框中按 <Ctrl+V> 组合键粘贴公式，最后单击【格式】按钮，如图 5-9 所示。

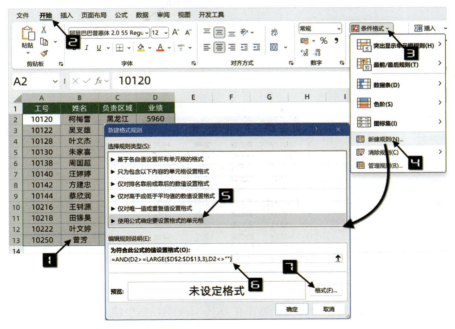

图 5-9　使用公式设置 Excel 条件格式规则

设置填充颜色为浅绿色后，单击【确定】按钮，关闭对话框，如图 5-10 所示。

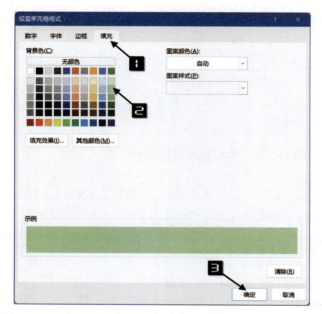

图 5-10 设置填充颜色

设置完成后，只有 A 列的工号显示了浅绿色填充，如图 5-11 所示。

图 5-11 条件格式效果

此时的效果并不符合预期，需要在 DeepSeek 对话框中输入更加明确的提示词。

> D 列中业绩处于前三名的内容，从 A 列到 D 列都高亮显示，请继续完善公式。

DeepSeek 思考后给出了改进公式：

`=SUMPRODUCT(--($D$2:$D$13>D2))<3`

复制 DeepSeek 给出的改进公式，验证是否符合要求。

单击 A2 单元格，在【开始】选项卡下依次单击【条件格式】→【管理规则】选项，在弹出的【条件格式规则管理器】对话框中单击选中规则，随后单击【编辑规则】按钮，如图 5-12 所示。

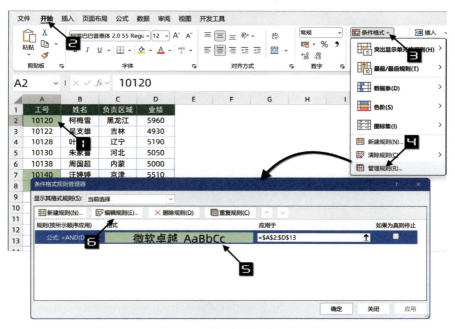

图 5-12　管理条件格式规则

在弹出的【编辑格式规则】对话框中的公式编辑框中，按 <Ctrl+V> 组合键粘贴 DeepSeek 给出的改进公式，单击【确定】按钮关闭对话框，如图 5-13 所示。

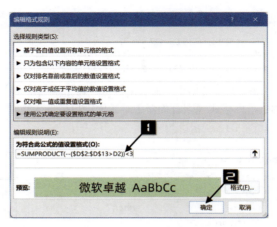

图 5-13　编辑格式规则

使用 DeepSeek 给出的改进公式，效果仍然不符合预期——只有 A 列工号高亮显示。将情况反馈给 DeepSeek，进行进一步修正。

> 使用以上公式，仅高亮显示 A 列，我需要 A 列至 D 列都高亮显示。

DeepSeek 思考后再次给出新的改进公式：

=SUMPRODUCT(--($D$2:$D$13>$D2))<3

并给出了公式解析。

$D$2:$D$13>$D2：统计 D 列中比当前行业绩大的内容对应的单元格数量。
SUMPRODUCT(--(...))：将逻辑值转换为数值并求和。
<3：若比当前行大的内容对应的单元格数量小于 3，说明当前行是前三名（含并列）。
关键：使用 $D2（混合引用）确保公式在整行中正确引用当前行的 D 列值。

复制以上公式，重复上述操作步骤，在公式编辑框中按 <Ctrl+V> 组合键粘贴 DeepSeek 再次给出的改进公式，随后单击【确定】按钮关闭对话框。操作完成后的效果如图 5-14 所示。

	A	B	C	D
1	工号	姓名	负责区域	业绩
2	10120	柯梅雪	黑龙江	5960
3	10122	吴支雄	吉林	4930
4	10128	叶文杰	辽宁	5190
5	10130	朱家喜	河北	5050
6	10138	周国超	内蒙	5000
7	10140	汪婷婷	京津	5510
8	10142	方建忠	山东	5480
9	10144	蔡欣润	山西	4240
10	10216	王钊源	江苏	4560
11	10218	田锡昊	浙江	5450
12	10222	叶文婷	河南	5140
13	10250	曾芳	广东	4990

图 5-14　多次修正后的条件格式效果

本例中，DeepSeek 第一次和第二次生成的公式的效果均不符合预期，在第三次输入提示词时，将前两个公式的效果告知 DeepSeek，DeepSeek 将公式效果与用户要求进行比较后才给出了正确的公式。

技巧 08 借助DeepSeek根据显示效果反查实现步骤

借助 DeepSeek，能够根据 Excel 工作表的显示效果，反查实现的步骤。

如图 5-15 所示，这个 Excel 文档左侧有折叠按钮，左上角有“1”“2”“3” 3 个数字。如果想知道获得此效果的过程，可以将显示效果截图，发送给 DeepSeek 进行咨询。

	A	B	C	D
1	部门	姓名	职务	薪资标准
2	董事会	周润英	董事长	150000
3	董事会	武运书	总经理	100000
4	董事会	王腾芳	副总经理	80000
5	董事会	徐自清	副总经理	80000
6	董事会	徐宝仙	副总经理	80000
7	董事会 汇总			490000
8	后勤部	杨建刚	员工	3200
9	后勤部	朱荣清	保洁	2200
10	后勤部	武长青	保安	3500
11	后勤部	古孝仪	部长	5500
12	后勤部	金川	保安	3500
13	后勤部 汇总			17900
14	生产部	蔡俊梅	副部长	6000

图 5-15　带折叠按钮的 Excel 工作表

单击 DeepSeek 对话框右下角的 @ 按钮，上传截图后在 DeepSeek 对话框中发送以下提示词。

> 如图片所示，Excel 工作表的左上角有"1""2""3"3 个数字，且左侧有折叠按钮，这种效果是如何实现的呢？

DeepSeek 的回复如下。

想在 Excel 中实现左上角的"1""2""3"序号和左侧出现折叠按钮的效果，可以使用"分类汇总"或"手动分组"功能。以下是具体操作步骤。
方法 1：分类汇总（自动生成分级显示）
数据排序：确保数据已按分组字段完成排序，如"部门"，使同一部门的数据连续排列。
添加分类汇总：选中数据区域后单击【数据】选项卡，再单击【分类汇总】选项。在弹出的窗口中设置分类字段为"部门"，即分组依据；汇总方式为"求和"或其他计算方式；在【选定汇总项】中勾选需要汇总的列，如"薪资标准"。
单击【确定】按钮，Excel 会自动插入汇总行，并生成左侧的折叠按钮和顶部的级别序号。

效果说明
级别序号：单击可切换显示层级（1= 仅总汇总，2= 部门汇总，3= 全部明细）。
折叠按钮（+/-）：单击可展开 / 收起对应分组的明细数据。

方法 2：手动分组（自定义折叠范围）
选择需要分组的行
例如，选中后勤部的明细行，单击【数据】选项卡 →创建组合→ 选择【列】。
重复此操作，为各部门创建独立的分组。
设置完成后，左侧会显示折叠按钮，单击可收起 / 展开对应分组。

关键区别
分类汇总：自动插入汇总行并生成分级，适用于快速统计。
手动分组：更灵活，可自定义分组范围，不需要插入汇总行。

根据需求选择合适的方法，即可获得图中的效果，步骤分别如图 5-16、图 5-17 所示。

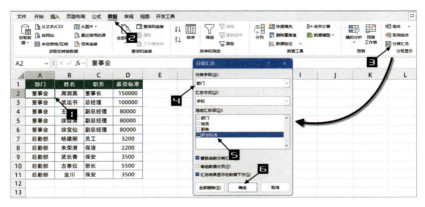

图 5-16 分类汇总

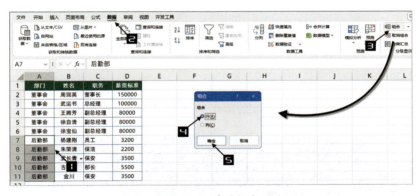

图 5-17 手动组合

借助DeepSeek生成VBA代码，完成工作表拆分

借助 DeepSeek，可以根据计算需求生成 VBA 代码。没有 VBA 基础的用户也能直接复制使用 DeepSeek 生成的 VBA 代码，显著提高工作效率。

如图 5-18 所示，是一份 Excel 版的销售流水工作表。借助 DeepSeek，我们可以按 L 列的营业员姓名将销售流水拆分为多个工作表。

	A	B	C	D	E	F	G	H	I
1	销售日期	交易时间	小票编号	商品编号	商品名称	单位	单价	数量	营业员
2	2025/1/1	8:12:29	3012	24177	酱油	瓶	12	2	张志辉
3	2025/1/1	10:12:00	3202	76123	花生油	瓶	100	2	张志辉
4	2025/1/1	11:48:29	3239	53034	酸奶	瓶	1.5	2	张志辉
5	2025/1/1	12:11:31	3247	53034	酸奶	瓶	1.5	3	张志辉
6	2025/1/1	12:40:19	3317	18989	果汁橙	瓶	3.5	3	张志辉
7	2025/1/1	15:05:46	3368	64503	毛巾	条	10.5	3	张志辉
8	2025/1/1	16:12:00	3489	18989	果汁橙	瓶	3.5	4	张志辉
9	2025/1/1	16:59:31	3579	44325	纸巾	包	1	3	张志辉
10	2025/1/1	17:36:58	3637	35912	洗衣粉	包	8	1	张志辉
11	2025/1/1	19:13:26	3665	54592	电池	排	6	3	张志辉
12	2025/1/1	19:35:02	3696	23712	纯牛奶	盒	2.5	3	张志辉
13	2025/1/1	20:28:19	3820	82397	盐	瓶	1.2	1	张志辉
14	2025/1/2	8:11:02	3909	18989	果汁橙	瓶	3.5	1	黄小娟
15	2025/1/2	8:29:46	3913	44325	纸巾	包	1	1	黄小娟

图 5-18　销售流水工作表（部分）

在 DeepSeek 对话框中发送以下提示词。

> 我需要按 Excel 工作表 I 列中的项目，将某个工作表拆分为多个工作表，请提供一份 VBA 代码，并说明代码的使用方法。

DeepSeek 生成的拆分工作表的部分 VBA 代码如图 5-19 所示。

图 5-19　DeepSeek 生成的代码（部分）

DeepSeek 提供的操作说明如下。

> 打开 Excel 文件，按 <Alt+F11> 组合键进入 VBA 编辑器。

> 在左侧工程资源管理器中右击,插入新模块。
> 将上述代码粘贴到模块中。
> 修改代码中的源工作表名称(默认为"Sheet1")。
> 返回 Excel 界面,按 <Alt+F8> 组合键打开【宏】对话框。
> 选择"SplitByColumnL"宏并执行。

单击代码窗口右上角的【复制】按钮,打开 Excel 文件,按 <Alt+F11> 组合键进入 VBA 编辑器。

按操作说明在左侧的工程资源管理器中右击,在弹出的快捷菜单中选择【插入】→【模块】命令,如图 5-20 所示。

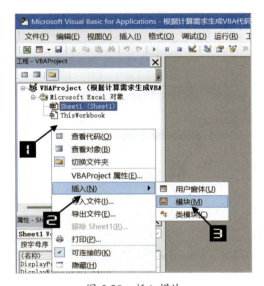

图 5-20　插入模块

此时,界面中会出现一个名为"模块1"的新模块。在右侧空白窗口中按 <Ctrl+V> 组合键粘贴代码,将代码中的默认工作表名称"Sheet1"修改为实际工作表名称,如图 5-21 所示。

图 5-21 将代码中的默认工作表名称修改为实际工作表名称

关闭 VBA 编辑器，返回 Excel 工作表。按 <Alt+F8> 组合键打开【宏】对话框，选中"SplitByColumnL"宏，单击【执行】按钮，如图 5-22 所示。

图 5-22 【宏】对话框

此时，Excel 会弹出提示对话框，如图 5-23 所示。

拆分后的工作表效果如图 5-24 所示。

图 5-23　提示对话框　　　　图 5-24　拆分后的工作表

包含 VBA 代码的 Excel 文件需要保存为 .xlsm 格式，否则文件中的代码会丢失。

技巧 10　借助DeepSeek细化计算需求，提高VBA代码适用性

在 DeepSeek 中细化对 VBA 代码运行效果的描述，DeepSeek 能生成适用性更强的 VBA 代码。

例如，技巧 9 中生成的 VBA 代码仅能根据 I 列的项目进行拆分。如果在拆分时能够由用户自定义拆分哪一列，适用性显然更好。要实现这种效果，可以在原提示词的基础上细化。

在 DeepSeek 对话框中发送以下提示词。

> 我需要一段 VBA 代码，能够按 Excel 工作表某一列中的项目将一个工作表拆分为多个工作表，同时能够让用户自定义拆分哪一列。请生成 VBA 代码并说明代码的使用方法。

DeepSeek 按要求生成的优化后的 VBA 代码如图 5-25 所示。

单击代码窗口右上角的【复制】按钮，打开 Excel 文件，按 <Alt+F11> 组合键进入 VBA 编辑器。

按操作说明在左侧工程资源管理器中右击，在弹出的快捷菜单中选择【插入】→【模块】命令。

在名为 "模块 1" 的新模块右侧的空白窗口中按 <Ctrl+V> 组合键粘贴代码，随后关闭 VBA 编辑器，返回 Excel 工作表。

图 5-25 优化后的代码

按 <Alt+F8> 组合键打开【宏】对话框,选中"SplitDataByColumn"宏,单击【执行】按钮,会弹出【拆分列选择】对话框,如图 5-26 所示。在对话框中输入要拆分的列对应的字母,如 C,单击【确定】按钮,就能按 C 列中的项目进行拆分。

图 5-26 确定要拆分的列

按 F12 功能键,将文件保存为 .xlsm 格式。

只要需求描述准确,DeepSeek 可以生成更多实用的 VBA 代码,如合并工作簿或合并工作表、按姓名导入图片、生成二维码或者条形码等。

技巧 11 借助DeepSeek合并多个Excel工作簿

如图 5-27 所示,在名为"分公司凭证记录"的文件夹内,有多个分公司的凭证记录工作簿,每个工作簿中包含 1 月—6 月的工作表。为了便于统计汇总,可以借助 DeepSeek 将这些工作簿合并为一个工作簿。

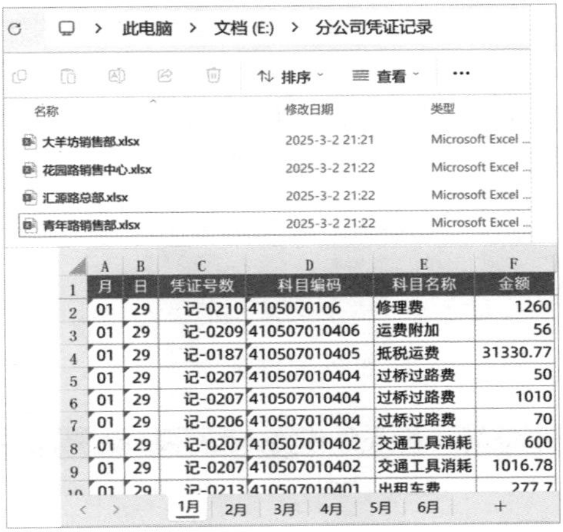

图 5-27　分公司凭证记录

在 DeepSeek 对话框中发送以下提示词。

> 我需要一段 VBA 代码，能够将同一个文件夹内多个结构相同的工作簿合并为一个工作簿。请满足先将相同名称的工作表中的数据合并到一个工作表内，再增加一列，显示来源工作簿的名称，同时能够让用户自己选择要合并的文件夹的要求，此外，请说明代码的使用方法。

DeepSeek 生成的 VBA 代码如图 5-28 所示。

```vba
Sub MergeWorkbooks()
    Dim folderPath As String
    Dim destWb As Workbook
    Dim srcWb As Workbook
    Dim srcWs As Worksheet
    Dim destWs As Worksheet
    Dim fileName As String
    Dim fileList As Collection
    Dim headerCell As Range
    Dim lastRow As Long, lastCol As Long, destLastRow As Long, sourceCol As Long
    Dim srcData As Variant, destData() As Variant
    Dim i As Long, j As Long

    ' 选择文件夹对话框
    With Application.FileDialog(msoFileDialogFolderPicker)
        .Title = "选择要合并的文件夹"
        If .Show <> -1 Then Exit Sub
        folderPath = .SelectedItems(1)
        If Right(folderPath, 1) <> "\" Then folderPath = folderPath & "\"
    End With

    ' 获取文件列表
    Set fileList = New Collection
    fileName = Dir(folderPath & "*.xls*")
    Do While fileName <> ""
        If fileName <> ThisWorkbook.Name Then
            fileList.Add fileName
```

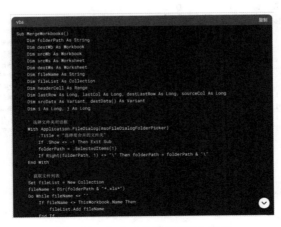

图 5-28　合并工作簿的 VBA 代码

新建一个 Excel 工作簿，按 <Alt+F11> 组合键进入 VBA 编辑器。在左侧工程资源管理器中右击，在弹出的快捷菜单中选择【插入】→【模块】命令。

关闭 VBA 编辑器，返回 Excel 工作表。按 <Alt+F8> 组合键打开【宏】对话框，选中"Merge Workbooks"宏，单击【执行】按钮。

在弹出的对话框中选择包含要合并文件的文件夹，等待程序运行完成（处理大量文件可能需要一些时间）。

注意，在选择包含要合并文件的文件夹时，仅选择到包含工作簿的最末级文件夹，不要打开这个文件夹，如图 5-29 所示。

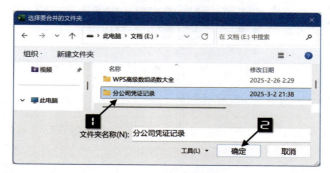

图 5-29　选择目标文件夹

合并后的工作簿效果如图 5-30 所示。

	A	B	C	D	E	F	G
1	月	日	凭证号数	科目编码	科目名称	金额	来源文件
2	1	29	记-0210	4105070106	修理费	1260	大羊坊销售部.xlsx
3	1	29	记-0209	410507010406	运费附加	56	大羊坊销售部.xlsx
4	1	29	记-0187	410507010405	抵税运费	31330.77	大羊坊销售部.xlsx
5	1	29	记-0207	410507010404	过桥过路费	50	大羊坊销售部.xlsx
6	1	29	记-0207	410507010404	过桥过路费	1010	大羊坊销售部.xlsx
7	1	29	记-0206	410507010404	过桥过路费	70	大羊坊销售部.xlsx
8	1	29	记-0207	410507010402	交通工具消耗	600	大羊坊销售部.xlsx
9	1	29	记-0207	410507010402	交通工具消耗	1016.78	大羊坊销售部.xlsx
10	1	29	记-0213	410507010401	出租车费	277.7	大羊坊销售部.xlsx
11	1	29	记-0206	410507010401	出租车费	14.8	大羊坊销售部.xlsx

图 5-30　合并后的工作簿

A 列的月份和 D 列的科目编码合并后由文本格式数字变为数值格式数字。用户可以手动更改内容格式，或者在 DeepSeek 对话框中发送新的提示词更改代码，此处不再赘述。

技巧 12　借助DeepSeek修改和解读VBA代码

在使用 VBA 代码的过程中，经常会出现一些错误提示，用户需要根据这些错误提示对代码进行完善和修改。如果用户不熟悉 VBA 代码的调试，可以借助 DeepSeek 进行 VBA 代码的修改并获取代码解读。

如图 5-31 所示，一段取不重复数据的代码在运行时返回了编译错误的提示。

图 5-31　编译错误

在 DeepSeek 对话框中发送以下提示词。

以下 VBA 代码运行时提示编译错误，请进行修改，并逐句添加注释。

Sub 取不重复数据 ()
Dim rng As long, rng1 As Range, i As Long
For Each rng In Range("a2:a30")
Set rng1 = Range("d:d").Find(rng)
If rng1 Is Nothing Then
i = Cells(Rows.Count, 4).End(xlUp).Row + 1
rng.Resize(1, 2).Copy Cells(i, 4)
End If
Next
End Sub

DeepSeek 修正后的 VBA 代码如图 5-32 所示，代码间逐行添加了中文注释。

```vba
Sub 取不重复数据()
    ' 关闭屏幕刷新提升运行速度
    Application.ScreenUpdating = False
    
    ' 声明变量
    Dim rng As Range            ' 用于循环的单元格对象
    Dim rng1 As Range           ' 存储查找结果的单元格对象
    Dim i As Long               ' 存储行号
    
    ' 遍历A2到A30区域每个单元格
    For Each rng In Range("A2:A30")
        ' 在D列全列中精确查找当前单元格的值
        Set rng1 = Range("D:D").Find(What:=rng.Value, _
                                      LookIn:=xlValues, _
                                      LookAt:=xlWhole, _
                                      MatchCase:=False)
        ' 如果未找到匹配项
        If rng1 Is Nothing Then
            ' 获取D列最后一个非空单元格的行号+1（即第一个空行）
            i = Cells(Rows.Count, 4).End(xlUp).Row + 1
            
            ' 复制当前单元格及其右侧1列（共2列）到D列新行
            rng.Resize(1, 2).Copy Destination:=Cells(i, 4)
        End If
    Next rng
    
    ' 恢复屏幕刷新
    Application.ScreenUpdating = True
    
    MsgBox "操作完成！", vbInformation
End Sub
```

图 5-32　DeepSeek 修正后的 VBA 代码

DeepSeek 生成的代码修正了变量声明，将原代码中的 Dim rng As long 修正为 Dim rng As Range；将原代码中的 Set rng1 = Range("d:d").Find(rng) 修正为 Set rng1 = Range("D:D").Find(What:=rng.Value, LookIn:=xlValues, LookAt:=xlWhole)，明确指定查找内容为单元格值（rng.Value）。增加了 MatchCase:=False，作用是忽略大小写差异，使 "A" 和 "a" 被视为相同。

技巧13　借助DeepSeek解读公司薪资体系

DeepSeek 支持快速解读工作表中的内容，准确地进行数据分析，帮助用户发现数据中的规律和趋势，让复杂的数据处理变得简单、高效。

本例要解读的数据是一份模拟的薪资标准表，包括姓名、部门、职务、薪资标准，如图 5-33 所示。

第 5 章 DeepSeek 数据大师：Excel 效率革命

	A	B	C	D
1	姓名	部门	职务	薪资标准
2	周润英	董事会	董事长	150000
3	武运书	董事会	总经理	100000
4	蔡俊梅	质保部	部长	6500
5	王腾芳	董事会	副总经理	80000
6	李惠仙	生产部	技术总工	25000
7	李向阳	生产部	部长	7000
8	徐自清	生产部	员工	5500
9	刘树芬	生产部	员工	5500
10	潘云红	质保部	员工	4200
11	杨建刚	后勤部	员工	3200

图 5-33 待解读的工作表（部分）

修剪平均值是从一组数据的头尾各去除部分数据后计算而来的平均值，能够避免极端值对平均数据的影响，使计算后的平均值更能体现数据的真实水平。

中位数能够反映各部门薪资的典型水平，与修剪平均值相比，可以更好地显示薪资分布的集中趋势。

复制 Excel 表格中的内容，粘贴到 DeepSeek 对话框中，并发送以下提示词。

> 请根据以上内容，计算各部门的薪资中位数，以及去除头尾各一个数值的修剪平均值，结果以表格形式展示，并给出有深度的解读。

DeepSeek 生成的计算结果如表 5-3 所示。

表 5-3 各部门薪资中位数与修剪平均值

部门	薪资中位数（元）	修剪平均值（元）
董事会	80,000	86,666.67
生产部	5,000	5,277.78
后勤部	3,500	3,400
质保部	4,200	4,200

解读结果如下。

1. 董事会：高薪集中与层级分化

薪资中位数为 80,000 元，但修剪平均值（86,666.67 元）明显高于中位数，表明董事长的极高薪资（150,000 元）拉高了整体水平。去除极端值后，副总经理群体（80,000 元）和总经理群体（100,000 元）构成主要薪资区间。

2. 生产部：两极分化显著

中位数（5,000 元）与修剪平均值（5,277.78 元）接近，但原始数据中存在极端值（技术总工薪资为 25,000 元）。若剔除该值，中位数仍为 5,000 元，表明基层员工薪资集中在 4,200～6,500 元。

公平性风险：技术总工薪资是普通员工的 5 倍以上，可能引发内部公平性质疑。建议通过绩效奖金透明化或职级体系优化缓解矛盾。

3. 后勤部：薪资分布均衡

中位数（3,500 元）与修剪平均值（3,400 元）接近，显示薪资分布相对均匀。保安和保洁岗位薪资差异较小（2,200～3,500 元），但部长薪资（5,500 元）显著高于基层，符合常规职级差异。

4. 质保部：规模小但结构清晰

中位数与修剪平均值均为 4,200 元，因部门仅 3 人且薪资分布简单。部长（6,500 元）与质检员（4,200 元）薪资差异合理，但需要关注质检员薪资是否低于市场水平，以保持竞争力。

建议：

董事会：评估董事长薪资与行业对标，避免因个别高管薪资过高影响团队稳定性。

生产部：优化技术岗与基层岗的薪资梯度，引入绩效挂钩机制提升公平性。

后勤与质保部：定期调研市场薪资水平，确保基层员工待遇符合行业标准。

根据以上解读内容，可以看出高层薪资显著高于其他部门工作人员薪资，生产部存在较大内部差异，后勤部相对平均，质保部人数少但层级明显。同时，修剪平均值与中位数的比较可以反映薪资分布的偏态，以及异常值的影响。公司需要检查薪资结构是否合理、是否存在不公平现象，或者某些岗位的薪资是否与市场脱节、是否需要调整部分员工的薪资以提高整体公平性。决策者可以有针对性地进行研判，并给出优化方案。

技巧 14　借助 DeepSeek 整理电子发票

DeepSeek 可快速识别并提取电子发票中的信息，自动进行分类存储，减少手动输入的工作量。此外，DeepSeek 不仅能批量处理文件，大幅提高文件整理效率，还能通过智能校对核验发票信息的准确性，发现潜在错误或不一致之处并提出修正建议，降低财务风险。

本例需要整理多张电子发票中的信息，并以表格形式呈现，电子发票的票面如图 5-34 所示。

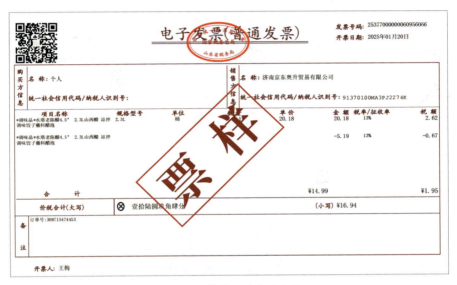

图 5-34　待整理的电子发票

单击 DeepSeek 对话框右下角的 ⓘ 按钮，将待整理的电子发票全部上传，并发送以下提示词。

> 请将发票内容整理为表格形式，整理的项目包括发票号、买方名称、销售方名称、项目名称、数量、单价、金额和税额。

DeepSeek 在生成表格的同时，对整理内容进行了补充说明。

> 数量：所有发票中明确标注的数量均为 1，部分发票中未直接标注数量，但根据价税合计反推，默认数量为 1。
> 金额与税额：以价税合计（小写）和税额调整后的最终数值为准。部分发票存在折扣或退货导致的负数金额，最终金额已合并调整后的结果。

税率：所有商品税率均为 13%，税额根据金额计算得出。

复制 DeepSeek 生成的表格，打开 Excel。

由于发票号码超过 15 位，直接粘贴时，15 位之后的数值将变成 0。因此，需要将 A 列设置为文本格式，再右击，在弹出的【粘贴选项】区域选择"匹配目标格式"命令，如图 5-35 所示。

图 5-35　在 Excel 中设置文本格式

整理后的发票信息如图 5-36 所示。

	A	B	C	D	E	F	G	H
1	发票号	买方名称	销售方名称	项目名称	数量	单价	金额	税额
2	25377000000060956066	个人	济南京东奥升贸易有限公司	调味品·水塔老陈醋4.5°2.3L山西醋凉拌	1	20.18	14.99	1.95
3	25117000000083585519	个人	北京京东世纪信息技术有限公司	酒·雪熊精酿啤酒哈尔滨大绿棒子进口麦	1	70.71	40.78	5.3
4	25127000000029792146	个人	天津京东星业贸易有限公司	金属制品·京东京造菜刀家用切片刀具	1	79.56	65.73	8.54
5	25377000000027194802	个人	济南京东奥升贸易有限公司	酒·通明山水果酒山楂酒500ml*6瓶	1	61.06	60.45	7.86
6	24377000000369429705	个人	齐河县京东商ország有限公司	营养保健食品·窝小芽鳕鱼肠420g	1	35.31	32.71	4.25
7	25927200000003646741	个人	青岛京东昌益得贸易有限公司	眼镜类产品·普先生老花镜150度	1	34.51	32.2	4.19

图 5-36　整理后的发票信息

对于 DeepSeek 生成的内容，注意进行必要的核验。

技巧 15　借助DeepSeek解读资产负债表

发给 DeepSeek 的提示词越明确，生成的结果越有深度，否则只能得到比较宽泛、笼统的回答。尤其是专业性强的问题，需要提问者具备一定的专业知识、

> 第 5 章 DeepSeek 数据大师：Excel 效率革命

给出明确的提示词，并能够鉴别 DeepSeek 生成的内容质量是否合格。

本例需要借助 DeepSeek 解读 Excel 中的资产负债表，如图 5-37 所示。

	A	B	C	D	E	F	G	H
1					资产负债表			
2	编制单位：				2025年6月			单位：元
3	资　　产	行次	年初数	期末数	负债及所有者权益	行次	年初数	期末数
4	流动资产：				流动负债：			
5	货币资金	1	13,249.82	416,070.10	短期借款	46		
6	短期投资	2			应付票据	47		
7	应收票据	3			应付账款	48	1,303,265.46	3,041,536.82
8	应收股利	4			预收货款	49		179,509.40
9	应收账款	5	1,132,510.92	2,292,233.76	应付工资	51	67,891.00	64,068.80
10	其他应收款	6		246,095.00	应付福利费	52	7,736.90	112,358.95
11	预付货款	7	-	107,871.00	未交税金	53	151,146.14	27,590.94
12	应收补贴款	8			应付股利	54		
13	存货	9	618,302.02	1,258,286.36	其他应交款	55	4,114.67	76,315.93
14	待摊费用	10	-		其他应付款	50	451,013.45	3,729,610.09
15	一年内到期的长期债券	21			预提费用	56		
16	其他流动资产	24			一年内到期的长期负债	58		
17					流动负债合计	65	1,985,167.62	7,230,990.93
18	流动资产合计	31	1,764,062.76	4,320,556.22				
19	长期投资：				长期负债：			

图 5-37　资产负债表（部分）

单击 DeepSeek 对话框右下角的 @ 按钮，将 Excel 文档上传，并发送以下提示词。

```
请解读资产负债表。
```

DeepSeek 生成的部分解读内容如下。

以下是对您提供的资产负债表的解读分析。
一、总体平衡验证
期初总资产 = 负债及所有者权益总计：2,569,675.43 元（平衡）
期末总资产 = 负债及所有者权益总计：5,547,757.19 元（平衡）
验证结果：资产负债表整体结构完整，符合会计恒等式（资产 = 负债 + 所有者权益）。
二、关键科目分析
1. 资产部分
流动资产：
货币资金：期末大幅增加至 416,070.10 元（年初 13,249.82 元），流动性显著增强。

应收账款：期末 2,292,233.76 元（年初 1,132,510.92 元），增长 102%，可能存在销售扩张，需要关注回款风险。

存货：期末 1,258,286.36 元（年初 618,302.02 元），增长 103%，可能存在库存积压或备货增加现象。

……

以上解读虽然对货币资金、应付账款等主要科目的变动分析较充分，但忽略了一些关键细节（如递延税项、其他应收款）和风险关联性。

对提示词进行优化，使其生成的解读结果更加详细、专业。

> 你是一名资深的财务专家，擅长解读财务报表，现在请针对提供给你的某公司资产负债表展开分析，并生成财务分析报告。分析数据要准确，必须完全按我所提供的数据进行分析。

此时，DeepSeek 的思考时间会更长，最终生成的财务分析报告如下。

财务分析报告

公司名称：未提供

报告期间：2025 年 6 月 30 日

单位：人民币（元）

一、资产结构分析

总资产变动：

期末资产总额 5,547,757.19 元，较年初（2,569,675.43 元）增长 115.9%，主要源于流动资产的显著增加。

流动资产：期末 4,320,556.22 元，较年初（1,764,062.76 元）增长 144.9%，主要贡献项目如下。

货币资金：从 13,249.82 元增至 416,070.10 元（增长 3039%），短期流动性增强。

应收账款：从 1,132,510.92 元增至 2,292,233.76 元（增长 102.5%），可能伴随信用扩张或回款周期延长风险。

固定资产：期末 1,227,200.97 元，较年初（805,612.67 元）增长 52.3%，因在建工程新增 155,933.08 元。

二、负债及偿债能力分析

流动负债激增：

期末流动负债 7,230,990.93 元，较年初（1,985,167.62 元）增长 264.2%，核心驱动因素如下。

应付账款从 1,303,265.46 元增至 3,041,536.82 元（增长 133.4%），可能面临供应商催款压力。

其他应付款从 451,013.45 元增至 3,729,610.09 元（增长 726.9%），需要核查大额往来款性质。

偿债能力指标：

流动比率（流动资产 / 流动负债）：4,320,556.22 / 7,230,990.93 ≈ 0.60（行业标准 ≥ 2），短期偿债能力严重不足。

速动比率（速动资产 / 流动负债）：（货币资金 + 应收账款）/ 流动负债 ≈ (416,070.10+2,292,233.76)/7,230,990.93 ≈ 0.37，进一步确认流动性风险。

三、所有者权益与盈利能力

所有者权益大幅缩水：

期末所有者权益为 -1,683,233.74 元（年初为 584,507.81 元），主要因未分配利润亏损扩大至 -2,183,233.74 元（年初为 84,507.81 元）。

资不抵债风险：负债总额（7,230,990.93 元）远超所有者权益，资产负债率高达 130.3%（负债 / 资产），表明公司已处于技术性破产状态。

四、关键风险提示

流动性危机：流动比率远低于安全水平，若无法及时偿还短期债务，可能引发资金链断裂。

亏损持续扩大：未分配利润大幅下滑，需要关注经营亏损原因（如成本失控或收入下降）。

应付账款激增：应付账款增长 133.4%，可能面临供应商催款压力或合作关系恶化风险。

五、建议

优化现金流管理：加速应收账款回收，协商延长应付账款账期。

资本注入或债务重组：引入外部投资或与债权人协商债务展期，缓解资不抵债压力。

成本控制与盈利模式调整：分析亏损根源，削减非必要开支，探索新的收入增长点。

注：以上分析完全基于用户提供的资产负债表数据，未考虑其他报表（如利润表、现金流量表）及行业背景，结论仅供参考。

对比两次解读结果,可以看出第二次解读更加准确,不仅所有的数字和项目都被正确解读,还在总结公司财务状况的同时指出了潜在的风险和问题,并提出了建议。

技巧 16 借助DeepSeek核验损益表中的问题

除了对财务报表进行直接解读,借助 DeepSeek 还可以对报表中的数据及计算逻辑进行核验。如图 5-38 所示,是某公司财务人员编制的损益表,可以借助 DeepSeek 检验表格中的计算逻辑是否正确,并验证计算结果是否准确。

图 5-38 损益表

单击 DeepSeek 对话框右下角的 📎 按钮,将 Excel 文档上传,并发送以下提示词。

> 你是一位资深的财务总监,请对以上损益表中的数据进行核验,重点检查公式中的计算逻辑和计算结果是否正确,并给出结论和建议,要确保数据准确。

DeepSeek 生成的损益表数据核验报告如下。

损益表核验结论与建议

一、计算逻辑核验

主营业务利润（行次 10）

本月数：1,001,694.23（收入）- 779,238.58（成本）- 6,201.85（税金）= 216,253.80

本年累计数：8,813,413.80 - 7,941,883.00 - 56,439.85 = 815,090.95

结论：计算正确。

营业利润（行次 18）

本月数：216,253.80（主营利润）- 13,011.50（营业费用）- 81,335.04（管理费用）- 2,858.28（财务费用）= 119,048.98

本年累计数：815,090.95 - 144,981.32 - 624,549.29 + 171.21（财务费用负数为加项）= 45,731.55

结论：计算正确。

利润总额（行次 27）

本月数：119,048.98（营业利润）+ 0（其他收益）- 0（营业外支出）= 119,048.98

本年累计数：45,731.55 + 427,676.80（补贴收入）- 80,359.96（营业外支出）= 393,048.39

结论：计算正确。

净利润（行次 30）

本月数：119,048.98（利润总额）- 20,579.40（所得税）= 98,469.58

本年累计数：393,048.39 - 13,602.27 = 379,446.12

结论：计算正确。

二、数据准确性结论

所有计算逻辑均符合会计准则，数值准确无误。以下细节需关注：

财务费用负数（行次 16）：本年累计数为 -171.21 元，可能源于利息收入或其他财务收益，建议核实具体构成。

补贴收入（行次 22）：本年累计数 427,676.80 元金额较大，需确认是否符合政策规定及会计处理合规性。

所得税（行次 28）：本月数与本年累计数的税率差异显著（本月约 17.3%，累计约 3.5%），需检查是否存在暂估调整或税收优惠政策影响。

三、改进建议

补充披露说明：

在报表附注中详细说明财务费用负数的原因及补贴收入来源。

解释所得税率波动较大的合理性。

合规性审查：

确保补贴收入符合相关法规要求。

内部复核机制：

建议增加跨部门核对流程，尤其是对异常科目（如财务费用负数）的二次验证。

最终结论： 损益表数据计算正确，逻辑清晰，但需对异常科目进行进一步解释和合规性审查。建议在日常工作中加强数据管理和内部控制，确保财务数据的准确性和安全性。

以上核验内容不仅对公式逻辑关系进行了梳理，还详细标记出了存在问题的项目，并给出了优化建议。

技巧17 借助DeepSeek解读损益表

对于编制规范且公式计算逻辑符合要求的损益表，可以借助 DeepSeek 对其中的数据进行解读。如图 5-39 所示，是某公司财务人员编制的损益表。

	A	B	C	D
1	损 益 表			
2	2024年10月1日			
3	编制单位：方圆传媒有限公司			金额单位：元
4	项目	行次	本月数	累计数
5	一、主营业务收入	1	1,645,307.49	8,617,705.82
6	其中：产品销售收入	1-1	1,039,086.49	4,577,006.52
7	服务收入	1-2	204,325.00	3,035,959.30
8	外贸收入	1-3	401,896.00	1,004,740.00
9	减：主营业务成本	2	1,353,611.03	6,707,366.10
10	其中：产品销售成本	2-1	854,038.48	3,894,413.20
11	服务成本	2-2	173,233.00	1,990,577.23
12	外贸成本	2-3	326,339.55	822,375.67
13	营业税金及附加	3	23,121.92	107,054.23
14	销售费用	4		
15	管理费用	5	96,633.72	631,907.83
16	财务费用	6	24,512.22	123,846.02
17	资产减值损失	7		

图 5-39　损益表（部分）

单击 DeepSeek 对话框右下角的 🔘 按钮，将 Excel 文档上传，并发送以下提示词。

> 你是一位资深的财务总监，擅长分析各类财务报表，请对损益表中的数据进行解读，并给出结论和建议，要确保数据准确。

DeepSeek 在对损益表中的数据进行分析与验证后，生成的结果如下。

数据准确性核查
主营业务收入与成本
收入：本月数 1,645,307.49 元（产品 1,039,086.49 元 + 服务 204,325 元 + 外贸 401,896 元），累计数 8,617,705.82 元，各子项合计与总额一致。
成本：本月数 1,353,611.03 元（产品 854,038.48 元 + 服务 173,233 元 + 外贸 326,339.55 元），累计数 6,707,366.10 元，子项合计与总额一致（误差 1 元，可能为四舍五入）。

营业利润（本月数）
公式验证：
1,645,307.49（收入）-1,353,611.03（成本）- 23,121.92（税金）- 96,633.72（管理费）-24,512.22（财务费）=147,428.60（元）
表格值：147,428.60 元（一致）。

利润总额与净利润（本月数）
利润总额：147,428.60（营业利润）+ 41.41（营业外收入）-66.81（营业外支出）=147,403.20（元）（与表格值一致）。
净利润：147,403.20-24,567.19（所得税）=122,836.01（元）（与表格值一致）。

累计数逻辑
累计净利润 864,301.76 元，需要确保各月数据累加无误（如本月净利润 122,836.01 元与历史月份累加合理）。

关键结论：

数据一致性良好
公式计算与表格值基本一致，仅成本子项存在1元差异（可能为四舍五入）
业务表现亮点
收入结构多元：产品、服务、外贸收入占比均衡（63.1%/12.4%/24.5%），分散经营风险
外贸毛利率较高：本月外贸业务毛利率18.8%，优于服务（15.2%）和产品（17.8%）

潜在风险点
管理费用高企：本月管理费96,633.72元（占收入5.9%），累计管理费631,907.83元（占累计收入的7.3%），需要优化成本结构
所得税率异常：本月税率16.7%（低于标准25%），需要核实税收优惠或税前扣除依据是否合规。
销售费用为零：可能遗漏销售活动支出，需要核查是否合理。

建议：
费用优化
拆分管理费用：分析行政、人力等费用明细，制定降本措施（如建立自动化流程、减少冗余岗位）
监控财务费用：关注贷款利息与资金使用效率，避免高息负债
税务合规性检查
确认所得税率低于25%的原因（如高新技术企业优惠、研发加计扣除），确保符合税法要求
外贸业务强化
利用较高毛利率优势，扩大外贸规模，同时控制成本（如优化供应链、汇率风险管理）。
销售费用核实
检查销售费用为0元是否合理，若存在未记录支出，需要补录，避免财报失真。

最终总结
当前损益表数据准确性较高，但需要重点关注费用控制与税务合规性。建议：通过细化费用管理提升净利润率；利用外贸业务优势拓展市场；定期审计税务申报材料，确保合规；使用财务软件自动校验数据，减少人工误差。

DeepSeek 不仅检查了表格中数据的准确性和公式应用的正确性，还对潜在的问题及异常进行了提醒，并给出了最终总结。

技巧 18　借助 DeepSeek 根据财务数据自动生成财务报表

DeepSeek 能够直接从总账、试算平衡表等多个数据源中抓取并整合数据生成报表，不需要人工复制粘贴，大幅减少了重复性劳动；同时，DeepSeek 能自动识别类似试算不平衡、现金流分类矛盾等数据异常，根据 DeepSeek 的提示及时修正，能有效降低报表错误率。

如图 5-40 所示，是某公司财务部门编制的总账表与试算平衡表的部分内容。本例借助 DeepSeek 对两个表中的数据进行解读，生成现金流量表。

总　账

2025年3月3日

科目代码	科目名称	借/贷	期初余额	借方合计	贷方合计	期末余额
1001	现金	借	5,600.00	26,900.00	26,680.00	5,820.00
1002	银行存款	借	216,841.96	108,100.00	85,150.00	239,791.96
1009	其他货币资金	借	0.00	0.00	0.00	0.00
1101	短期投资	借	0.00	0.00	0.00	0.00
1102	短期投资跌价准备	贷	0.00	0.00	0.00	0.00
1111	应收票据	借	42,800.00	0.00	30,200.00	12,600.00
1121	应收股利	借	0.00			
1122	应收利息	借	0.00			
1131	应收账款	借	1,998,900.00			
1133	其他应收款	借	9,790.82			
1141	坏账准备	贷	42,800.00			
1151	预付账款	借	0.00			
1161	应收补贴款	借	0.00			
1201	材料采购	借	0.00			
1211	材料	借	0.00			

试算平衡表

科目代码	科目名称	本期发生额 借方	本期发生额 贷方	备注
1001	现金	26,900.00	26,680.00	220.00
1002	银行存款	108,100.00	85,150.00	22,950.00
1009	其他货币资金			
1101	短期投资			
1111	应收票据		30,200.00	-30,200.00
1131	应收账款	65,500.00	3,000.00	62,500.00
1141	坏账准备			
1501	固定资产			
2101	短期借款			
2111	应付票据			
2121	应付账款	33,400.00	28,400.00	5,000.00

图 5-40　总账表与试算平衡表（部分）

单击 DeepSeek 对话框右下角的 按钮，将总账表和试算平衡表上传，并在 DeepSeek 对话框中发送以下提示词。

> 你是一位资深的财务总监,擅长编制各类财务报表。请根据附件中的总账表和试算平衡表编制符合财务标准的现金流量表,数据要确保准确,结果以代码形式输出,代码要符合 Markdown 标准。

复制 DeepSeek 生成的代码,打开 Markdown 在线编辑器,将代码粘贴在页面左侧,生成流量表,单击【导出 Word 文档】按钮,将 Word 文档下载到本地,效果如图 5-41 所示。

一、经营活动产生的现金流量

项目	金额(元)
销售商品、提供劳务收到的现金	148,500.00
收到的其他与经营活动有关的现金	1,850.00
经营活动现金流入小计	**150,350.00**
购买商品、接受劳务支付的现金	(28,400.00)
支付给职工以及为职工支付的现金	(20,000.00)
支付的各项税费	0.00
支付的其他与经营活动有关的现金	(12,000.00)
经营活动现金流出小计	**(60,400.00)**
经营活动产生的现金流量净额	**89,950.00**

二、投资活动产生的现金流量

项目	金额(元)
购建固定资产支付的现金	0.00
投资活动现金流出小计	**0.00**
投资活动产生的现金流量净额	**0.00**

三、筹资活动产生的现金流量

图 5-41 DeepSeek 生成的现金流量表(部分)

为了确保报表中的数据准确,可以借助 DeepSeek 对结果进行核验。在 DeepSeek 对话框中发送以下提示词。

> 请核对总账表与试算平衡表的一致性,确保所有现金相关科目的变动均被涵盖。

随后根据 DeepSeek 生成的核验结果对总账表和试算平衡表进行检查修改,直至结果准确无误。

技巧 19 借助DeepSeek将固定资产卡片转换为表格

借助 DeepSeek，能够将如图 5-42 所示的 Word 版固定资产卡片转换为表格。

大华精密仪器制造有限公司			
固定资产卡片			
卡片编号	001830	资产编号	
资产名称	齿轮泵	规格型号	960-18.5
增加方式	投资者投入	存放地点	第一车间毛油罐
使用部门	A区第一车间	责任人	
启用日期	2016-12-31	备注	

大华精密仪器制造有限公司			
固定资产卡片			
卡片编号	001833	资产编号	
资产名称	齿轮泵	规格型号	960-18.5
增加方式	投资者投入	存放地点	第一车间发油房
使用部门	A区第一车间	责任人	
启用日期	2016-12-31	备注	

大华精密仪器制造有限公司			
固定资产卡片			
卡片编号	001836	资产编号	
资产名称	齿轮泵	规格型号	960-18.5
增加方式	投资者投入	存放地点	第一车间发油房
使用部门	A区第一车间	责任人	
启用日期	2016-12-31	备注	

大华精密仪器制造有限公司			
固定资产卡片			
卡片编号	001838	资产编号	
资产名称	齿轮泵	规格型号	200-4
增加方式	投资者投入	存放地点	第一车间发油房
使用部门	A区第一车间	责任人	
启用日期	2016-12-31	备注	

图 5-42　固定资产卡片（部分）

打开 WPS 灵犀，单击对话框右下角的上传按钮⊕，上传包含固定资产卡片的 Word 文档，并发送以下提示词。

> 请将附件中的固定资产卡片逐条转换为表格，字段包括卡片编号、资产名称、增加方式、使用部门、启用日期、规格型号和存放地点，不要有遗漏。

DeepSeek 思考后迅速将全部固定资产卡片转换为表格。复制 DeepSeek 生成的内容并粘贴在 Excel 中，调整格式后的效果如图 5-43 所示。

图 5-43　固定资产卡片电子表格（部分）

技巧 20　借助DeepSeek自动生成产品质量检测报告

DeepSeek 能够根据用户提供的判定标准及实际检测数据判断各产品是否合格。

如图 5-44 所示，是某产品的指标标准及质量检验单的部分内容，借助 DeepSeek，可以自动生成产品质量检测报告。

图 5-44　质量检验单与指标标准（部分）

单击 DeepSeek 对话框右下角的 ⓤ 按钮，上传质量检验单和指标标准，并在 DeepSeek 对话框中发送以下提示词。

> 你是一位质量管理专家,请认真解读"质量检验单"工作表,根据"指标标准"逐行判断"质量检验单"工作表中的产品是否合格,并生成质检报告。

将 DeepSeek 生成的判断结果复制到 Excel 中,调整格式后的效果如图 5-45 所示。

产品批号	水分(%)判定	含磷量(%)判定	pH值判定	菌落总数判定	综合判定
200214A1	合格	合格	合格	合格	合格
200214A2	合格	合格	合格	合格	合格
200214A3	合格	合格	合格	合格	合格
200214A4	合格	合格	合格	合格	合格
200214A5	合格	合格	合格	合格	合格
200214A6	不合格(9.55%)	合格	合格	合格	不合格
200215A1	合格	合格	合格	合格	合格
200215A2	合格	合格	合格	合格	合格
200215A3	合格	合格	不合格(9.66)	合格	不合格
200215A4	合格	合格	合格	合格	合格
200215A5	合格	不合格(90%)	合格	合格	不合格

图 5-45　DeepSeek 生成的判断结果(部分)

DeepSeek 生成的报告如下。

异常批次统计:
不合格批次数量:8(批号:200214A6、200215A3、200215A5、200215A6、200216A1、200217A1、200218A4、200219A3)
主要问题分布:
水分超标:2 批次
含磷量不足:4 批次
pH 值超标:2 批次

技巧 21　借助DeepSeek将文本内容转换为表格

借助 DeepSeek,能够将包含数字的文本内容快速转换为表格。例如,以下是教育部《2023 年全国教育事业发展统计公报》中的部分内容,借助 DeepSeek,可以将这些文本内容转换为表格,方便对比查看。

全国共有幼儿园 27.44 万所，比上年减少 14808 所，下降 5.12%。其中，普惠性幼儿园 23.64 万所，比上年减少 9301 所，下降 3.79%，占全国幼儿园的 86.16%，比上年提高 1.2 个百分点。

学前教育在园幼儿 4092.98 万人，比上年减少 534.57 万人，下降 11.55%。其中，普惠性幼儿园在园幼儿 3717.01 万人，比上年减少 427.03 万人，下降 10.30%，占全国在园幼儿的 90.81%，比上年提高 1.26 个百分点。

学前教育毛入园率 91.1%，比上年提高 1.4 个百分点。

学前教育专任教师 307.37 万人，专任教师中专科以上学历比例 92.74%。

复制以上内容，粘贴到 DeepSeek 对话框中，并发送以下提示词。

> 请将以上内容整理、转换为表格，注意数据要准确。

DeepSeek 对以上文本内容进行解读后生成的表格如图 5-46 所示。

指标类别	数值	比上年增减（数量）	比上年增减（百分比）	占比	占比增减（百分点）
全国幼儿园总数	27.44 万所	-14,808 所	-5.12%	—	—
其中：普惠性幼儿园数量	23.64 万所	-9,301 所	-3.79%	86.16%	+1.2
在园幼儿总数	4,092.98 万人	-534.57 万人	-11.55%	—	—
其中：普惠性幼儿园在园幼儿	3,717.01 万人	-427.03 万人	-10.30%	90.81%	+1.26
学前教育毛入园率	91.1%	—	+1.4 个百分点	—	—
学前教育专任教师	307.37 万人	—	—	—	—
其中：专科以上学历比例	92.74%	—	—	—	—

图 5-46 根据文本内容生成表格

在 DeepSeek 生成的表格中，数值单位有统一标注（如"万所""万人"），增减数量以 - 表示减少、+ 表示增加，指标（如"全国幼儿园总数"）与子指标（如"普惠性幼儿园数量"）层级分明，缺失数据以"—"填充。

技巧 22 借助DeepSeek统计员工考勤数据

借助 DeepSeek，能够将从考勤机中导出的复杂考勤记录表格转换为规范表格，便于后续统计、汇总。

如图 5-47 所示，是某单位的部分考勤数据，同一个单元格中包含多个打卡记录。

打卡时间表 统计日期：250101 至 250131

报表生成时间：250201 08:26

姓名	部门	1	2	3	4	5	6	7	8	9	10	11	12	13	14	15	16
肖文静	动力研究院机身科	07:50 17:02		21:27	07:40 17:29 18:37	07:44 20:50	07:44 19:40	07:49 17:09	08:00 18:08	08:00 17:00		07:53 17:12	07:47 18:14	07:53 19:26	07:45 17:42	07:59 17:04	
窦文海	动力研究院附件科	07:53 17:35	07:44 17:07	07:47	07:48 19:17	07:42 19:22		07:47 19:15	07:49 17:03	07:40 17:07		07:54 17:52	07:46 17:02	07:42 19:03	07:50 19:04	07:49 17:01	07:50 17:02
何兴军	动力研究院附件科	07:29 17:00	07:35 17:17		20:29	07:51 19:32	07:55 19:36	07:54 19:21	07:52 19:02	07:54 17:14		07:56 17:00	07:51 19:32	07:56 19:22	07:55 19:42	07:55 17:07	07:58 17:26
陈文贺	动力研究院附件科	07:47 17:02			07:47 19:29	07:48 19:39	07:52 19:37	07:48 19:23	07:47 17:15		07:56 17:03	07:50 17:18	07:56 19:32	07:47 19:26	07:45 19:19	07:45 18:33	07:44 17:29
杨光硕	动力研究院附件科	18:37	07:57 17:02	07:57	07:54 19:30	07:58 19:40	07:53 17:16	08:00 19:23	07:54 17:08	07:57 17:14		07:54	07:54 19:34	07:56 17:35	07:51	07:56 19:10	07:55 17:06
杨月红	动力研究院附件科				07:48 19:18	07:42 19:23	07:49 17:11	07:47 19:18	07:49 19:03	07:41	07:47 17:05	07:54	07:45 19:34	07:43 18:37	07:50 19:06	07:49 19:12	07:50
杜文丽	动力研究院制动科	18:45	07:36 17:10	07:54 14:15	07:53 21:02	07:55 21:15	07:41 20:04	07:53 18:32		07:54 17:26	07:44	07:51 18:22	07:54 18:06	07:54 18:22	07:52 19:20	07:54 17:14	07:57 17:55

图 5-47　从考勤机中导出的数据（部分）

打开 WPS 灵犀，单击对话框右下角的上传按钮⊕，上传考勤数据，并发送以下提示词。

请对考勤表中的数据进行逐条整理，生成规范的表格，字段包括姓名、部门、日期、最早打卡时间和最晚打卡时间。

DeepSeek 生成的表格效果如图 5-48 所示。

姓名	部门	日期	最早打卡时间	最晚打卡时间
肖文静	动力研究院机身科	1	07:50	17:02
肖文静	动力研究院机身科	3	21:27	21:27
肖文静	动力研究院机身科	4	07:40	18:37
肖文静	动力研究院机身科	5	07:44	20:50
肖文静	动力研究院机身科	6	07:44	19:40
肖文静	动力研究院机身科	7	07:49	17:09
肖文静	动力研究院机身科	8	08:00	18:08
肖文静	动力研究院机身科	9	08:00	17:00
肖文静	动力研究院机身科	11	07:53	17:12
肖文静	动力研究院机身科	12	07:47	18:14
肖文静	动力研究院机身科	13	07:53	19:26
肖文静	动力研究院机身科	14	07:45	17:42
肖文静	动力研究院机身科	15	07:59	17:04
肖文静	动力研究院机身科	18	07:48	18:28
肖文静	动力研究院机身科	19	07:50	18:09

图 5-48　整理后的考勤数据（部分）

所有员工的打卡数据都被完整处理并做到了格式一致、各字段对齐，数据清晰可读。

技巧 23 借助DeepSeek解读员工离职数据

DeepSeek 能够对员工离职数据进行深入解读，帮助用人单位发掘人员流失的深层原因，有效降低员工流失率，提高组织的稳定性与竞争力。

如图 5-49 所示，是某企业部分离职人员的资料。

	A	B	C	D	E	F	G	H	I	J	K	L	M
1	姓名	入职日	性别	员工类别	员工分组	入职来源别	原部门	原职务	最高学历	离职日期	离职原因	年龄结构	在职区间
2	钱家富	2003-1-21	女	正式	管理人员	在线招聘	CCC部门	主管	大专	2011-12-30	另谋发展	20-30	入职6至9年
3	狄文倩	2003-8-12	女	正式	管理人员	在线招聘	B部门	部门经理	大专	2011-8-6	违反公司规则	20-30	入职6至9年
4	韩军	2003-8-12	女	正式	管理人员	在线招聘	CCC部门	主管	大专	2009-4-16	违反公司规则	20-30	入职3至5年
5	徐登兰	2003-8-12	女	正式	制造直接员工	校园招聘会	E部门	主管助理	高中/中专/中技	2011-1-10	违反公司规则	31-40	入职6至9年
6	朱耀邦	2003-8-12	女	正式	制造直接员工	在线招聘	L部门	主管助理	高中/中专/中技	2010-5-21	违反公司规则	31-40	入职6至9年
7	薛萍	2003-8-19	女	正式	制造间接员工	在线招聘	H部门	一般员工	大专	2008-3-6	另谋发展	20-30	入职3至5年
8	张其军	2003-8-26	女	正式	管理人员	在线招聘	H部门	部门经理	本科	2010-10-28	另谋发展	20-30	入职6至9年
9	宋雪娟	2003-11-1	男	正式	管理人员	人才交流中心	E部门	主管	大专	2015-2-1	家庭因素	20-30	入职10年及以上
10	陈骥华	2003-11-13	男	正式	管理人员	校园招聘会	B部门	主管	大专	2011-4-30	家庭因素	20-30	入职6至9年
11	程远郁	2003-12-18	男	正式	制造直接员工	在线招聘	N部门	一般员工	高中/中专/中技	2010-5-22	家庭因素	31-40	入职6至9年
12	舒友为	2003-12-24	男	正式	管理人员	在线招聘	I部门	主管	大专	2008-4-16	家庭因素	20-30	入职3至5年
13	陈永祥	2003-12-24	男	正式	管理人员	在线招聘	M部门	主管助理	大专	2008-7-13	另谋发展	31-40	入职3至5年
14	孙伟	2003-12-24	男	正式	制造直接员工	在线招聘	D部门	主管助理	高中/中专/中技	2012-11-12	另谋发展	20-30	入职6至9年

图 5-49　离职人员资料表（部分）

单击 DeepSeek 对话框右下角的 🔘 按钮，上传 Excel 文档，并发送以下提示词。

> 你是一名资深的 HR，请对文档中的人员离职数据进行深入解读，从不同角度入手分析离职原因。

DeepSeek 生成的离职数据分析报告如下。

1.离职原因分布

主要离职原因：

违反公司规则（占比最高，约 35%）：主要集中在制造直接员工（分组）和管理人员（分组）中，涉及多个部门（如 CCC、F 部门等）。

另谋发展（占比约 30%）：管理人员（分组）占比更高，可能与职业发展机会不足有关。

家庭因素（占比约 20%）：跨部门和职位分布，女性员工占比略高。

身体不适/工作环境不适应（占比约 10%）：制造直接员工（分组）占主导，可能与工作强度或环境有关。

其他原因（考试不合格、交通不便等，占比 5%）。

结论：需要加强员工行为规范培训，优化工作环境，并提供清晰的职业晋升路径。

2. 性别与离职关联

女性员工：家庭因素（占比 25%）和另谋发展（占比 30%）是主要离职原因。

男性员工：违反公司规则（占比 40%）和另谋发展（占比 35%）占主导。

结论：建议为女性员工提供更灵活的家庭支持政策（如弹性工作制），同时强化男性员工的合规意识。

3. 员工类别分析

管理人员：离职原因以另谋发展（占比 45%）和违反公司规则（占比 30%）为主，原因可能是晋升通道受限或管理压力大。

制造直接员工：违反公司规则（占比 40%）和身体不适/环境不适应（占比 25%）占比较高，需要关注基层员工的工作条件与流程合规性。

结论：针对管理人员开展职业规划辅导，优化制造岗位的工作流程和健康管理方案。

4. 部门离职集中问题

CCC 部门：离职人数最多（约 20 人），主因是违反公司规则（占比 50%）和另谋发展（占比 30%），需要排查部门管理问题。

F 部门：违反公司规则（占比 40%）和家庭因素（占比 25%）突出，可能与团队文化或考核机制有关。

结论：对离职率高的部门进行管理审计，优化团队协作与监督机制。

5. 入职来源与稳定性

在线招聘：离职率最高（占比 50%），主因是另谋发展和违反规则，需要加强招聘筛选。

校园招聘会：员工更易因工作环境不适应或身体不适离职，需要完善新人适应性培训。

人才交流中心：家庭因素（占比 30%）和违反规则（占比 25%）较均衡，稳定性中等。

结论：优化招聘渠道筛选标准，加强入职初期的人文关怀。

6. 学历与离职关联

大专/本科：管理人员占比较高，离职主因另谋发展（占比 50%）。

高中/中专/中技：制造员工为主，离职多因违反规则（占比 40%）和身体不适（占比 20%）。

结论:为高学历员工设计个性化职业发展规划,提高基层员工的技能培训强度与福利待遇。

7. 年龄与在职时间分析

20～30岁:离职主因另谋发展(占比40%)和违反规则(占比30%),年轻员工流动率高。

31～40岁:家庭因素(占比35%)和身体不适(占比25%)占比更高,需要关注中年员工的工作生活平衡。

在职区间:

入职3～5年:离职高峰(占比45%),主因是遇到职业瓶颈或工作理念与公司规则冲突。

入职6～9年:另谋发展(占比40%)和家庭因素(占比30%)主导,可能长期缺乏晋升机会。

结论:针对不同年龄段和在职阶段设计留人策略,如青年员工轮岗计划、中年员工健康支持。

综合建议

管理优化:针对高离职部门(如CCC、F部门)进行管理复盘,强化合规监督与团队文化建设。

职业发展:建立清晰的晋升通道,关注管理人员和技术骨干的长期培养。

员工关怀:完善家庭支持政策(如育儿假)和健康管理方案(如定期体检和心理健康服务)。

招聘改进:加强在线招聘的背调,优化校园招聘的适应性培训,提升人才匹配度。

以上解读包括离职原因分布、性别与离职关联、员工类别(比如普通员工和管理人员)的离职情况、不同部门的离职率、入职来源对离职的影响、学历与离职的关系、年龄结构对离职的影响,以及在职工龄区间的离职趋势。DeepSeek不仅对分析结果进行了总结,还指出了公司需要改进的地方。

第 6 章

DeepSeek 演示大师:
PPT 智能设计

DeepSeek 能够根据用户输入的提示词快速生成结构化的 PPT 大纲,涵盖逻辑框架、数据提炼和核心观点,适配演讲、汇报等不同场景需求。让 DeepSeek 与其他 AI 工具强强联合,覆盖从内容生成到视觉设计的全流程,可实现"5 分钟生成初版 PPT+ 自主优化"的高效创作。

本章的主要内容

◆ 技巧 1 DeepSeek+ 通义千问,根据现有文档制作 PPT
◆ 技巧 2 DeepSeek+ 通义千问,迅速优化 PPT
◆ 技巧 3 DeepSeek+WPS 灵犀,根据主题自动生成 PPT

技巧 01 DeepSeek+通义千问，根据现有文档制作PPT

借助 DeepSeek 的超强逻辑推理能力和文案润色功能，能快速生成条理清晰的 PPT 大纲，而通义千问具备强大的 PPT 生成功能，二者联合，可显著提高工作效率。

如图 6-1 所示，是某公司 Word 版年度总结的部分内容，包含多项运营数据和项目完成情况，现在我们需要根据这些内容，制作一个年度总结 PPT。

> **远方公司 2024 年工作总结**
>
> 2024 年远方公司在集团各位领导的正确领导下，紧紧围绕 "内抓管理、外拓市场、节约挖潜、追求高效"的工作方针，团结一致，克服种种困难，公司生产经营工作得以较好地开展。现将工作情况总结如下。
>
> 一、主要经济技术指标完成情况
>
> 全年累计实现产值 12.88 亿元（完成计划指标的 73.75%），销售收入 14.68 亿元；加工原料 379000 吨（完成计划指标的 76.88%），其中 1#线加工 4360 吨，2#线加工 142100 吨，3#线加工 234000 吨 ；共生产成品 301080 吨；全年累计采购原料 359900 吨，其中进口原料 283000 吨。
>
> 二、以"节约挖潜、追求高效"为主题，向管理要效益
>
> 2024 年对远方加工企业来说是极具挑战性的一年，国内同类加工企业上马较多，仅周边地区今年就相继有四家公司投产运行。在这种情况下，我们认为只有靠过硬的产品质量、较低的生产成本和高效的管理才能在竞争中占据优势，为此我们将工作重点放在"节约挖潜、追求高效"的基点上，狠抓内部管理，

图 6-1 Word 版年度总结（部分）

单击 DeepSeek 对话框右下角的 ⓞ 按钮，上传 Word 文档，并发送以下提示词。

> 你是一位资深的 PPT 设计师，请解读文档中的内容，并据此生成 PPT 大纲。注意，数据不能错误也不能有遗漏，不要出现 Word 文档中没有的内容。

第 6 章 DeepSeek 演示大师：PPT 智能设计

DeepSeek 生成的 PPT 大纲（部分）如图 6-2 所示。

远方公司2024年工作总结PPT大纲

封面页

- 标题：远方公司2024年工作总结
- 副标题：内抓管理·外拓市场·节约挖潜·追求高效
- 日期
- 公司Logo

目录页

1. 主要经济技术指标完成情况
2. 管理效益提升：节约挖潜与高效成果
3. 市场拓展：内练硬功与外拓成效
4. 后勤保障与安全管理
5. 存在问题与改进方向
6. 未来展望与目标

1. 主要经济技术指标完成情况

- **产值**：12.88亿元 （完成计划的73.75%）
- **销售收入**：14.68亿元
- **加工原料总量**：379,000吨 （完成计划的76.88%）
  - 1#线：4,360吨
  - 2#线：142,100吨
  - 3#线：234,000吨
- **生产成品**：301,080吨
- **原料采购**：359,900吨 （进口283,000吨）

2. 管理效益提升：节约挖潜与高效成果

图 6-2　DeepSeek 生成的 PPT 大纲（部分）

复制 DeepSeek 生成的 PPT 大纲，打开通义千问官网，先单击页面左侧的【效率】按钮，再单击页面右侧底部的【PPT 创作】模块中的【开始创作】按钮，如图 6-3 所示。

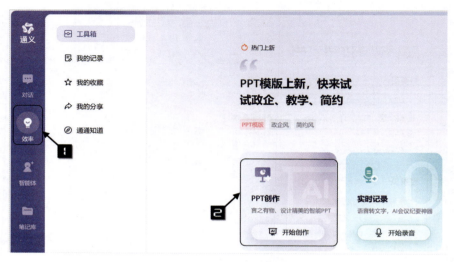

图 6-3　通义千问页面

在【通义PPT创作】对话框中粘贴已复制的PPT大纲后,单击【下一步】按钮,如图6-4所示。如果单击对话框左下角的【上传】按钮,可直接上传本地文件。

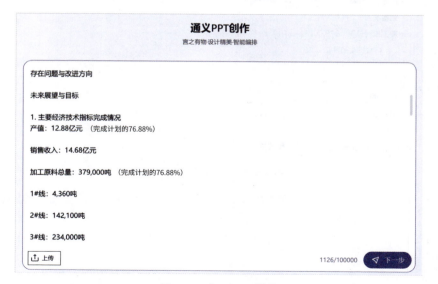

图 6-4　通义 PPT 创作

通义千问会自动对内容进行润色、优化,生成新的大纲,如图6-5所示。

第 6 章　DeepSeek 演示大师：PPT 智能设计

图 6-5　PPT 大纲生成中

优化完成后，用户可对 PPT 大纲中的项目进行编辑，比如输入演讲人并确认使用场景，本例选择以【工作汇报】为使用场景，如图 6-6 所示。

图 6-6　编辑大纲

单击页面右上角的【下一步】按钮，如图 6-7 所示，会弹出模板选择界面。选择符合需求的模板，单击【生成 PPT】按钮，如图 6-8 所示。

155

图 6-7 【下一步】按钮　　　　图 6-8 选择模板

稍等片刻，即可按大纲内容生成 PPT。单击某个项目，即可对项目内容进行编辑，如图 6-9 所示。

图 6-9 PPT 预览与编辑

在编辑界面中，可以对 PPT 中的各元素进行进一步调整、优化，如修改颜色、切换模板、插入元素，如图 6-10 所示。

图 6-10 编辑 PPT

编辑完成后,单击界面右上角的【演示】按钮,即可预览 PPT 的播放效果;单击下载按钮,即可将 PPT 文件下载到本地。

技巧 02　DeepSeek+通义千问,迅速优化PPT

若 PPT 页面上堆满大段的文字,观众很难快速抓住重点。借助 DeepSeek 和通义千问,不仅能够重新规划包含大段文字的 PPT 的大纲,还能生成更加美观的 PPT。

如图 6-11 所示的 PPT 中包含大量文字内容,且存在一定的错误,借助 DeepSeek 和通义千问,可对其进行优化和修改。

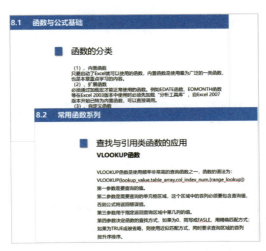

图 6-11 带有大段文字的 PPT(部分)

单击 DeepSeek 对话框右下角的 ⓘ 按钮,上传 PPT,并发送以下提示词。

> 你是一位优秀的 PPT 设计师,现有 PPT 中包含大量文字且有少量错误,请对这些内容进行优化和修改,生成新的大纲。

DeepSeek 生成的大纲如下。

1. 封面页
标题:Excel 函数与公式基础及常用函数应用
副标题:高效处理数据的核心技能
2. 目录页
查找与引用类函数:VLOOKUP
文本类函数:SUBSTITUTE
3. 函数的分类
核心要点:
内置函数:直接使用,无须加载(如 SUM、IF)
扩展函数:早期需加载宏(如 EDATE),2007+ 版本内置
自定义函数:通过 VBA 编写,存放于模块
宏表函数:Excel 4.0 遗留,逐步被替代
视觉设计:
使用四象限图分类展示函数类型,搭配图标标注特点
4. 查找与引用类函数:VLOOKUP
核心要点:
功能:基于列匹配查询数据
语法:=VLOOKUP(查找值 , 数据区域 , 返回列号 ,[匹配方式])
参数详解:
精确匹配:0 或 FALSE
近似匹配:TRUE 或省略(需首列升序排序)
视觉设计:
流程图展示 VLOOKUP 逻辑:查找值→匹配列→返回结果
示例表格:模拟数据区域,标注参数对应位置

5. 文本类函数：SUBSTITUTE

核心要点：

功能：替换字符串中的指定内容

语法：=SUBSTITUTE(原文本 , 旧文本 , 新文本 ,[替换次数])

应用场景：

省略【替换次数】：替换所有匹配项

指定次数：仅替换第 N 次出现的匹配项

视觉设计：

对比案例：展示替换前后的文本变化（如将"2023"替换为"2024"）。

参数图示：用高亮色块标注语法结构

6. 总结页

核心要点：

内置函数是核心工具，VLOOKUP 和 SUBSTITUTE 需重点掌握

灵活使用函数，提高数据处理效率

视觉设计：

信息图：函数分类与应用场景的关联关系图

动态强调关键函数图标（如放大 VLOOKUP 图标）

以上大纲对长段落的文字内容进行了优化，拆解为关键词 + 要点的形式，避免了文字堆砌，成功将原有的文字密集型 PPT 优化为简洁、直观且专业的演示文稿。

复制 DeepSeek 生成的大纲，粘贴在通义千问的 PPT 创作对话框中。对大纲内容进行编辑确认后选择模板，等待通义千问生成 PPT，效果如图 6-12 所示。仔细核对 PPT 中的内容，可根据实际情况进行优化修改。

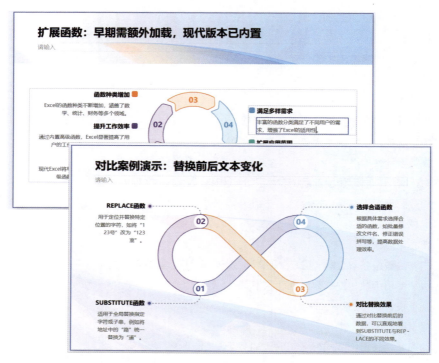

图 6-12 优化后的 PPT（部分）

DeepSeek+WPS灵犀，根据主题自动生成PPT

WPS 灵犀能够根据用户提供的主题生成 PPT 大纲，并在此基础上快速生成 PPT。

例如，需要制作一份以"未来十年，AI 对传统办公方式的影响"为主题的 PPT，可以打开 WPS 灵犀，在对话框中发送以下提示词。

> 你是一位有经验的 PPT 设计师，请以"未来十年，AI 对传统办公方式的影响"为主题，生成一份 PPT 大纲，PPT 页数控制在 25 页以内。

DeepSeek 思考后生成一篇以"AI 重构办公新范式——未来十年办公方式变革前瞻"为标题的 PPT 大纲，如图 6-13 所示。

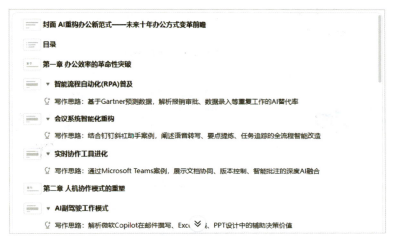

图 6-13　DeepSeek 生成的 PPT 大纲（部分）

以上大纲结构流畅，逻辑连贯，从现状到未来展望有自然的过渡，且各章节内容分配合理，既有深度又不显冗长。将大纲复制粘贴到 Word 中进行必要的编辑后，即可在此基础上生成 PPT。

在 WPS 灵犀首页左侧的窗格中单击【AI PPT】按钮，在对话框中粘贴编辑后的 PPT 大纲，单击发送按钮，如图 6-14 所示。

图 6-14　WPS 灵犀对话框

WPS 灵犀会自动对大纲进行润色、优化。优化完成后，弹出模板选择界面，先单击选择符合需求的模板，再单击【生成 PPT】按钮，如图 6-15 所示。

图 6-15 选择模板

稍等片刻，WPS 灵犀即可按大纲内容生成 PPT 并进入编辑和预览界面。在编辑界面可以对 PPT 进行进一步调整、优化，如内容编辑、模板替换、插入元素。单击右上角的【去 WPS 编辑】按钮，即可进入在线版编辑界面。

编辑完毕，单击左上角的文件操作按钮，即可根据实际需求在下拉菜单中选择【另存】【下载】【打印】【WPS 打开】【播放】命令，如图 6-16 所示。

图 6-16 AI PPT 常用命令

第 7 章

DeepSeek 职场助手：
从招聘到管理

DeepSeek 能够基于对岗位需求的理解，自动生成符合行业规范、体现职位特性的招聘简章；能够智能推荐与目标岗位高度契合的简历模板，并优化简历关键词；还能够快速制作或分析调查问卷、根据要求设计排班表等，显著提高从招聘到管理的全流程效率。

本章的主要内容

- ◆ 技巧 1 根据岗位需求表格生成招聘简章
- ◆ 技巧 2 使用 DeepSeek 写简历，提高应聘成功率
- ◆ 技巧 3 将口语化内容转为标准化商务邮件

……

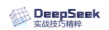

技巧01 根据岗位需求表格生成招聘简章

DeepSeek 能够根据岗位需求表格和企业介绍中的信息，自动组织内容，使用流畅、专业的语言，撰写专业且能够吸引优秀人才的招聘简章。借助 DeepSeek 生成招聘简章，一方面能够确保招聘简章结构合理、重点突出，便于候选人快速了解岗位信息；另一方面能够节省招聘人员的时间，避免出现人为因素导致的信息遗漏或错误。

如图 7-1、图 7-2 所示，是某企业 Word 版企业介绍和 Excel 版岗位用工需求，借助 DeepSeek，可据此制作招聘简章。企业介绍中存在排版错误和需要优化的文字表达，在生成招聘简章时，DeepSeek 会对相关内容进行处理。

企业介绍

北海集团有限公司公司成立于2004年,现有员工500人，是一家专业集中央空调系统、净化空调系统及配套产品、通风末端、消防排烟系统设备的制造、销售、安装及维护为一体的大型股份制企业.主要以自主研发、销售、物流配送为一体的一站式服务，与多家知名厂商有业务合作,因业务发展,面向社会，诚招伙伴并肩发展!

图 7-1　企业介绍

	A	B	C	D	E
1	岗位	人数	薪资待遇	食宿	要求
2	操作工	10	4500	食宿自理	男性，高中及以上文化，35岁以下，12小时倒班
3	门卫	2	2200	食宿自理	男性，初中及以上文化，50岁以下，12小时倒班
4	包装工	20	4000	食宿自理	性别不限，初中及以上文化，40岁以下，能吃苦耐劳
5	电工	5	4200	食宿自理	男性，高中及以上文化，40岁以下，有电工证，3年以上工作经验，12小时倒班
6	带班主任	3	6000	食宿自理	男性，本科及以上学历，机械加工有关专业，35岁以下，5年以上管理工作经验
7					
8					联系电话：8842525
9					联系人：周经理

图 7-2　用工需求

单击 DeepSeek 对话框右下角的@按钮，上传 Word 文档和 Excel 数据表，并发送以下提示词。

> 你是一位有十年从业经验的 HR 主管，请根据文件中的企业简介和用工需求生成标准的招聘简章，并对任职要求进行补充和优化，结果以代码形式输出，代码要符合 Markdown 标准。

DeepSeek 生成的招聘简章代码如图 7-3 所示。

图 7-3　DeepSeek 生成的招聘简章代码（部分）

复制 DeepSeek 生成的代码，打开 Markdown 编辑器，将代码粘贴在页面左侧，Markdown 编辑器会自动生成相应的招聘简章，如图 7-4 所示。单击【导出 Word 文档】按钮，即可将生成的 Word 文档下载到本地。

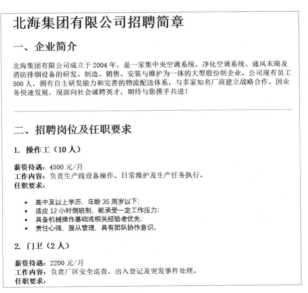

图 7-4　根据用工需求和企业简介生成的招聘简章（部分）

DeepSeek生成的招聘简章,岗位信息准确无误、结构清晰、层次分明;企业简介部分简洁有力,突出了公司优势;文档最后不仅明确了薪资结构、食宿安排和职业发展,还将原表格中的文字描述转换为分项条目,增加了持证要求、经验要求等专项说明,补充了岗位适配性描述;此外,还统一使用"周岁"作为年龄单位,规范了证书名称(如"电工操作证"),补充了证件准备要求和公司地址提示。

技巧 02 使用DeepSeek写简历,提高应聘成功率

成功投递简历的关键是"投其所好",DeepSeek能够对招聘信息进行精准解析,提取关键要求,并根据这些要求生成或调整简历内容,提高匹配度。

如图7-5所示,是PDF版的招聘简章。根据该招聘简章和自身条件,借助DeepSeek生成简历。

远方公司招聘简章

公司简介: 远方公司成立于2004年,现有员工500人,是一家专业从事中央空调系统、洁净空调系统及配套产品、通风末端、消防排烟系统设备制造、销售、安装及维护的大型股份制企业。秉承"创新、质量、服务"的企业精神,我们致力于为客户提供高效、可靠的一站式解决方案。通过自主研发、物流配送和专业服务,我们与多家知名厂商建立了长期稳定的合作关系,并在行业内享有良好的声誉。

招聘信息:

岗位名称:	成本会计
工作地点:	本市开发区
招聘人数:	1名
工作经验:	5年以上
学历要求:	大专及以上
专业要求:	财会相关专业
招聘方式:	社会招聘

岗位职责:
1. 负责公司成本核算和财务报表的编制,确保数据的准确性和及时性。
2. 进行成本分析,识别降低成本的机会,提升公司运营效率。
3. 制定和优化成本预算,协助管理层做出决策。
4. 协调跨部门合作,确保成本控制措施有效实施。
5. 按时完成上级交办的其他相关任务。

图7-5 招聘简章

单击 DeepSeek 对话框右下角的 ◎ 按钮，上传 PDF 文档，并发送以下提示词。

> 我是一名有 8 年工作经验的财务会计，做过 2 年制造业成本会计，各岗位都有涉及，有一定的经验，大学本科学历，中级职称。请针对招聘简章，写一份个人简历，在匹配性方面进行优化，重点突出与招聘简章匹配的优点。

DeepSeek 生成的简历部分内容如下。

核心优势
1. 高度匹配岗位需求
8 年财务工作经验（含 2 年制造业成本会计），远超招聘简章中的 5 年经验要求；
中级职称 + 本科学历，完全满足招聘硬性条件。
2. 制造业成本管理专长
熟悉 BOM 核算、标准成本法及作业成本法，具备制造业全流程成本管控经验；
成功实施多个降本增效项目，累计节约成本超 200 万元。
3. 技术能力扎实
精通用友、金蝶等软件，擅长通过数据分析发现业务痛点；
熟练使用 Power BI 制作动态成本分析看板，提高管理层决策效率。
4. 软技能突出
多次主导跨部门协作项目，沟通协调能力强；
抗压能力强，曾连续 3 个月高强度完成公司 IPO 财务数据梳理。
自我评价
深耕财务领域 8 年，兼具扎实的专业知识与实战经验，熟悉制造业全链路成本管理逻辑。善于通过数据驱动业务优化，注重团队协作与结果导向。认同远方公司"创新、质量、服务"的理念，期待以自身专业能力助力公司降本增效，与公司共同成长。

简历内容不仅包括个人信息、求职意向、工作经历、教育背景、技能证书、自我评价等部分，还重点突出了与招聘简章中的"岗位职责"和"任职要求"匹配的经历，如制造业经验、降本案例、软件技能。用户可根据自身情况对其中的数据进行调整。

技巧 03 将口语化内容转为标准化商务邮件

使用标准化商务邮件可显著降低沟通成本。借助 DeepSeek，能够将口语化内容转换为正式的商务邮件。

例如，在 DeepSeek 对话框中发送以下提示词。

> 请将以下内容转换为标准化商务邮件："刘经理，你们上次维修的灌装设备又出问题了！今天上午 9 点 20 分左右数据同步异常，错误代码为 E407。你们赶紧派人来看看，维修报价我们可以现场谈。"

DeepSeek 生成的标准化商务邮件如下。

主题：关于灌装设备故障的报修申请
尊敬的刘经理：
您好！
谨此致函告知，贵司先前负责维护的灌装设备于今日（具体日期）上午 9 时 20 分再次出现运行异常。经系统检测，设备在数据同步过程中触发 E407 故障代码，目前处于非正常运行状态。
为确保生产工作正常开展，烦请贵司尽快安排技术人员前来现场进行故障诊断与检修。关于本次维修服务的费用事宜，我司愿与贵司保持开放协商态度，待设备检测完成后进一步洽谈具体方案。
随附设备故障时段运行日志及报警截图供参考（如有）。如需我方配合提供其他技术资料或现场支持，请随时与我联系。
感谢贵公司对本次报修事宜的重视，期待您尽快回复。
顺颂商祺！
[您的全名]
[您的职位]
[公司名称]
联系电话：[有效联系方式]
电子邮箱：[公司邮箱地址]

日期：YYYY 年 MM 月 DD 日

以上商务邮件内容包含邮件主题、称呼、正文、结尾敬语和签名。正文部分描述问题，说明设备再次出现故障，并写明发生故障的具体时间、错误代码，请求安排技术人员检查，同时提到维修报价可以进一步沟通，既表达了合作意愿，又留有余地。结尾部分写明发件人信息，包括姓名、职位、公司名称、联系方式等，显得非常正式、专业。

技巧 04 制作问卷调查表

借助 DeepSeek 生成问卷调查表，不仅能够节省时间，提高问卷质量，使数据分析过程更加高效，还能有效避免人工操作时常见的问卷设计复杂、调查不够深入等问题。

以生成酒店客户满意度调查问卷为例，在 DeepSeek 对话框中发送以下提示词。

> 你是一名酒店管理者，请生成一份客户满意度调查问卷，问卷内容要包括环境、服务、价格等多个方面。

以下是 DeepSeek 生成的酒店客户满意度调查问卷。

尊敬的客人：
感谢您选择入住本酒店！为协助我们持续提高服务质量，请您抽出 2 分钟填写此问卷。所有信息仅用于改进工作，祝您生活愉快！
一、基本信息（可选）
入住日期：____ 年 ____ 月 ____ 日
入住房型：□ 标准间 □ 大床房 □ 套房 □ 其他 _____
预订渠道：□ 酒店官网 □ OTA 平台 □ 电话预订 □ 其他 _____
二、满意度评估
请为以下内容评分（1～5，1= 非常不满意，5= 非常满意）：
A. 酒店环境
大堂环境整洁度与舒适性：1 2 3 4 5

房间卫生状况：1 2 3 4 5
房间设施（床品、卫浴、空调等）完善性：1 2 3 4 5
公共区域（餐厅／走廊／电梯）整洁度：1 2 3 4 5
酒店周边环境（交通／噪声／安全）：1 2 3 4 5
B. 服务质量
前台接待效率与友好度：1 2 3 4 5
客房服务响应速度（如需求处理）：1 2 3 4 5
员工专业性与服务态度：1 2 3 4 5
早餐种类与品质：1 2 3 4 5
问题解决及时性（如设施故障）：1 2 3 4 5
C. 价格与价值
价格与整体体验的性价比：1 2 3 4 5
附加服务收费合理性（如洗衣／迷你吧）：1 2 3 4 5
与同档次酒店相比，您认为我们的价格：☐ 偏高 ☐ 合理 ☐ 偏低
三、开放式反馈
本次入住中，您最满意的服务或细节是：_____
您认为最需要改进的方面是：_____
其他建议（如特色服务期待）：_____

问卷结束，感谢您的宝贵意见！
我们将认真分析您的反馈并持续优化服务，期待下次为您提供更完美的体验！

　　问卷简洁全面，问题具体，方便客人回答，有利于收集到有用的反馈。问卷最后以开放式问题收尾，让客人有机会详细反馈。

技巧 05　问卷调查分析

　　借助 DeepSeek 对收集到的调查问卷进行整理、分析，能显著提高问卷分析的效率、深度与可靠性。如图 7-6 所示，是一份填写完毕的客户满意度调查问卷。借助 DeepSeek，可快速对多份调查问卷进行分析。

> 尊敬的客户：
> 感谢您选择我们的服务！为持续提升服务质量，诚邀您参与本次满意度调查。问卷匿名填写，耗时约3分钟。您的反馈对我们至关重要！
>
> **一、基本信息（请勾选或填写）**
> 1. 您本次接受的服务类型是？
>   □ 餐饮服务 □ 酒店住宿 □ 美容美发 ☑ 教育培训 □ 其他_____
> 2. 您的年龄范围：
>   □ 18岁以下 □ 18-25岁 ☑ 26-35岁 □ 36-50岁 □ 50岁以上
>
> **二、服务体验评价（1-5分评分，1=非常不满意，5=非常满意）**
> 1. 您对本次服务的整体满意度评分为？
>   □ 1 □ 2 □ 3 ☑ 4 □ 5
> 2. 服务人员的专业性和态度如何？

图 7-6　客户满意度调查表（部分）

将全部调查问卷拍照保存后，单击 DeepSeek 对话框右下角的 ⓤ 按钮上传问卷照片，并在 DeepSeek 对话框中发送以下提示词。

> 请对问卷内容进行整理，重点分析直接影响客户体验、忠诚度和对业务改进有帮助的关键问题。

DeepSeek 生成的问卷关键问题分析如下。

一、直接影响客户体验的核心要素
服务专业性优势突出：整体满意度、服务人员专业性和态度、响应速度均获高分，表明服务效率和专业性为该机构当前的核心竞争力。
建议：保持员工培训投入，完善服务标准化流程。
服务环境需要获得针对性优化：环境评分（4 分）低于其他内容的评分，可能涉及设施维护、卫生条件或空间舒适度问题。
改进方向：结合细节反馈中的"优化服务流程"需求，排查环境与流程联动问题（如动线设计、等待区域体验）。
二、客户忠诚度的潜在风险与机会
复购与推荐意愿存在保留：用户选择"可能会"再次选择或推荐服务，未达最高忠诚度（"一定会"），可能与服务环境评分较低或流程改进需求相关。
风险点：需要关注客户对"不确定性"的真实顾虑（如价格波动、服务质量一致性）。

价格透明性成为差异化优势：最满意环节中，"价格透明性"被勾选，反映了客户对消费知情权的重视。

机会点：可强化价格策略宣传，转化为品牌信任度。

三、业务改进优先级建议

短期优化：最需要改进项中，"优化服务流程"被勾选，需要排查流程中的冗余环节（如预约、结账、售后服务）。

长期投入：环境评分较低，但细节反馈中"改善卫生条件"未被勾选，需要区分具体问题（是硬件设施老旧还是清洁频次不足）。

验证方法：增加开放性问题，收集具体环境改进建议。

四、总结

当前服务核心优势（专业性、响应速度）可支撑客户基础体验，但需要通过流程优化和环境升级消除复购阻力，同时利用价格透明性强化品牌信任，实现从"可能会"到"一定会"的忠诚度突破。

以上总结对问卷中的各部分都有明确的分析，并给出了业务改进的具体建议，结构清晰，分点列出，便于用户快速定位关键问题。

技巧 06 生成年会抽奖器

如果需要生成年会抽奖器，可以先借助 DeepSeek 生成 HTML 标准代码，再将代码保存为 HTML 格式文件。

在 Excel 文档中准备参与抽奖的员工的名单，如图 7-7 所示。

图 7-7 抽奖员工名单（部分）

单击 DeepSeek 对话框右下角的 ◎ 按钮，上传包含抽奖名单的 Excel 文档，并发送以下提示词。

> 请设计一个 HTML 标准代码的随机抽奖器：背景使用喜庆色系，单击"开始"按钮会显示所有名字一闪而过的动画效果，并且"开始"按钮会变成"停止"按钮，单击"停止"按钮可以随机得到一组抽奖结果，要求一等奖 1 名、二等奖 2 名、三等奖 3 名，参与抽奖的姓名在 Excel 文档中。

DeepSeek 生成的部分代码如图 7-8 所示。

图 7-8　DeepSeek 生成的抽奖器代码

复制代码后粘贴到新建文本文档中保存，随后将扩展名从 .txt 改成 .html 即可。

双击更改扩展名后的文件即可预览效果，如图 7-9 所示。抽奖器中包括活动主题显示区域、开始按钮及奖项结果显示区域。

图 7-9　抽奖器效果

技巧 07　设计排班表

值班安排不仅需要耗费大量精力，还常常因为安排不合理而引发值班人员的不满，进而影响团队协作。借助 DeepSeek，可以高效地生成排班解决方案。

明确排班的时间段、班次安排、值班人员、每个人的值班天数等信息，在 DeepSeek 对话框中发送以下提示词。

> 你是一家料理店的老板，请为员工小段、小伟和小陈安排 2025 年 3 月 3 日至 3 月 9 日的排班班次。班次分为早班和晚班，每天的早班和晚班各需要一名员工上班，每名员工每周至少休息两天。排班结果以表格形式呈现。

DeepSeek 生成的排班表如图 7-10 所示。

日期	早班	晚班	休息员工
3月3日	小伟	小陈	小段
3月4日	小段	小伟	小陈
3月5日	小段	小陈	小伟
3月6日	小陈	小伟	小段
3月7日	小段	小伟	小陈
3月8日	小段	小陈	小伟
3月9日	小伟	小陈	小段

图 7-10　排班表

排班说明如下。

休息天数：
小段：休息 3 天（3 日、6 日、9 日），工作 4 天（均早班）。
小伟：休息 2 天（5 日、8 日），工作 5 天（早班 2 次、晚班 3 次）。
小陈：休息 2 天（4 日、7 日），工作 5 天（晚班 4 次、早班 1 次）。
班次均衡：
早班和晚班尽量轮换，避免同一员工连续多天同一班次（如小伟和小陈交替早晚班）。
小段因休息天数较多（3 天），统一安排早班，确保公平性。
合法性：
每日早班和晚班各 1 人，符合最低人力需求。
所有员工休息天数均满足≥2 天（小段多休 1 天，符合最低要求）。

以上安排兼顾公平性与可操作性，能确保工作量和休息时间分配合理。

技巧 08　生成内容摘要

借助 DeepSeek 能够生成篇幅较长的文档或报告的摘要，帮助阅读者快速理解文档或报告的核心内容。

如图 7-11 所示，是某财务部门的上半年工作总结的部分内容，需要生成内容摘要。

> **财务部工作总结**
>
> 在公司领导的正确引领和各部门同事的大力支持下，财务部以强烈的责任心和敬业精神，出色地完成了各项日常工作，较好地配合了各部门及承租方的业务工作，及时准确地为公司领导、有关部门提供了财务数据。当然，在完成工作的同时还存在一些不足。现将上半年财务部工作总结如下。
>
> 一、财务核算和财务管理本职工作
>
> 1 财务部虽然人手较少，但在我们高效、有序的组织下，能够妥善处理各项工作。财务部每天都离不开资金的收付与财务报账、记账工作，这是财务部最平常、最繁重的工作，一年来，我们及时为各项内外经济活动提供了应有的支持，基本满足了各部门对我部的财务要求。财务部本着"认真、仔细、严谨"的工作作风，各项

图 7-11 财务部工作总结（部分）

在 DeepSeek 对话框中发送以下提示词。

> 请仔细阅读文档内容，并生成 200 字以内的摘要，不得遗漏主要项目。

DeepSeek 生成的摘要如下。

> 2024 年上半年财务部工作总结摘要：
> 财务部高效完成日常核算、资金管理及财务支持工作，能保障资金收付安全及时，并提出内控优化建议、完善管理制度、维护良好外部关系。财务部存在制度执行不足、人员能力差异及管理职能待强化的问题，将通过强化执行、培训提升及参与决策逐步改进。下半年工作重点包括严格规划资金使用、落实新会计准则、深化财务分析及人员培训，助力公司稳健发展。财务部将持续优化职能，为决策提供支持，确保年度目标达成。

以上摘要简洁直观、结构清晰、逻辑连贯，符合正式的工作摘要要求。

技巧 09　进行多语种翻译

DeepSeek 能够精准把握复杂语句的语义，支持输出流畅、逻辑清晰的译文。这种高效的语言处理能力使其在翻译速度和质量上表现突出，准确率比传统机器翻译工具有显著提高，支持超 100 种语言的互译。

如图 7-12 所示，是 Word 版需要翻译的委托创作合同。

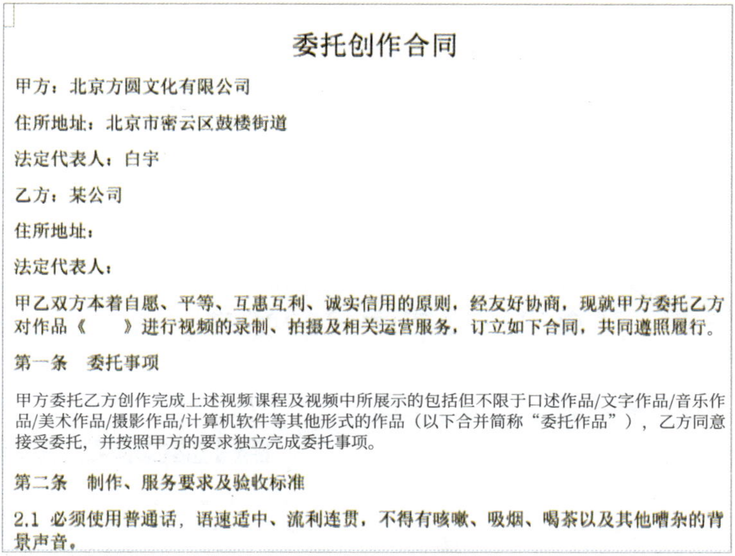

委托创作合同

甲方：北京方圆文化有限公司

住所地址：北京市密云区鼓楼街道

法定代表人：白宇

乙方：某公司

住所地址：

法定代表人：

甲乙双方本着自愿、平等、互惠互利、诚实信用的原则，经友好协商，现就甲方委托乙方对作品《　　》进行视频的录制、拍摄及相关运营服务，订立如下合同，共同遵照履行。

第一条　委托事项

甲方委托乙方创作完成上述视频课程及视频中所展示的包括但不限于口述作品/文字作品/音乐作品/美术作品/摄影作品/计算机软件等其他形式的作品（以下合并简称"委托作品"），乙方同意接受委托，并按照甲方的要求独立完成委托事项。

第二条　制作、服务要求及验收标准

2.1 必须使用普通话，语速适中、流利连贯，不得有咳嗽、吸烟、喝茶以及其他嘈杂的背景声音。

图 7-12　待翻译的委托创作合同（部分）

单击 DeepSeek 对话框右下角的 ⓤ 按钮，上传待翻译的 Word 文档，并发送以下提示词。

> 你是一位资深的日语翻译，请将文档中的合同内容翻译为日语，翻译时要注意合同涉及的专业术语的准确性，并对合同排版进行整理与修改，使其内容准确无误，结果以代码形式输出，代码要符合 Markdown 标准。

复制 DeepSeek 生成的内容，打开 Markdown 编辑器，将代码粘贴在 Markdown 编辑器页面左侧，右侧会自动展示翻译好的合同。单击【导出 Word 文档】按钮，即可将 Word 文档下载到本地。翻译效果如图 7-13 所示。

> 委託創作契約書
>
> 甲　方：北京方円文化有限公司
>
> 所在地：北京市密雲区鼓楼街道
> 代表取締役：白宇
>
> 乙　方：某公司
>
> 所在地：
> 代表取締役：
>
> 甲乙双方は、自発的・平等・互恵・誠実信用の原則に基づき、友好的な協議を経て、甲方が乙方に作品《　》の動画録画・撮影及び関連運営サービスを委託する事項について、以下の契約を締結し、共同で遵守する。
>
> ──────────────────────────
>
> 第一条　委託事項
>
> 甲方は乙方に対し、上記動画コンテンツ及び動画内で口頭・文字・音楽・美術・写真・コンピュータソフトウェア等の形式で表示される作品（以下「委託作品」と総称）の創作を委託する。乙方はこれを受諾し、甲方の要求に従い独立して委託事項を完成させる。

图 7-13　合同翻译效果（部分）

技巧 10　从身份证号码中提取关键信息

DeepSeek 能够准确解读身份证号码，并从中提取出生年月、年龄、性别等信息。

如图 7-14 所示，是一些虚拟的员工姓名和身份证号码信息，借助 DeepSeek，可根据 B 列的身份证号码提取员工的出生年月、年龄和性别。

	A	B
1	姓名	身份证号码
2	陆艳菲	370802197204212421
3	杨庆东	230710198105050214
4	任继先	370829198402110357
5	陈尚武	37088219840828005x
6	李光明	370829198504195910
7	李明辉	370882198503153243
8	毕淑华	622201198205121828
9	赵会芳	370481198202153241

图 7-14　虚拟的员工信息表

单击 DeepSeek 对话框右下角的 @ 按钮，上传包含员工信息的 Excel 文件，并发送以下提示词。

> 请根据 B 列的身份证号码，提取员工的出生年月、截至 2025 年 1 月 1 日的年龄及性别信息，计算年龄时，如果到截止日期时未满周岁则舍去。结果以表格形式显示，表格字段要包括姓名、身份证号码、出生年月、年龄和性别。

以上提示词明确规定计算年龄时的规则为"到截止日期时未满周岁则舍去"，否则 DeepSeek 无法判断是按周岁还是按虚岁计算，可能导致计算结果有误。

DeepSeek 生成的结果如图 7-15 所示。

姓名	身份证号码	出生年月	年龄（截至2025年1月1日）	性别
陆艳菲	370802197204212421	1972-04-21	52	女
杨庆东	230710198105050214	1981-05-05	43	男
任继先	370829198402110357	1984-02-11	40	男
陈尚武	37088219840828005x	1984-08-28	40	男
李光明	370829198504195910	1985-04-19	39	男
李明辉	370882198503153243	1985-03-15	39	女
毕淑华	622201198205121828	1982-05-12	42	女
赵会芳	370481198202153241	1982-02-15	42	女

图 7-15　DeepSeek 生成的结果

复制 DeepSeek 生成的表格，打开 Excel 准备粘贴。

由于身份证号码超过 15 位，若直接粘贴，15 位之后的数值将变成 0，因此需要在粘贴前单击左上角的全选按钮，在【开始】选项卡中设置数字格式为文本，如图 7-16 所示。

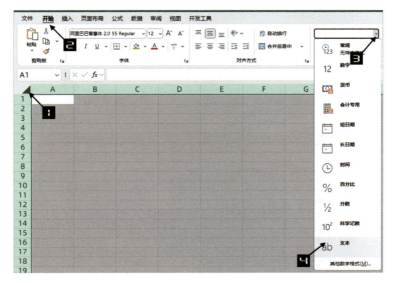

图 7-16　设置数字格式为文本

单击 A1 单元格后右击,在【粘贴选项】区域选择"匹配目标格式"命令,如图 7-17 所示。

图 7-17　粘贴 DeepSeek 生成的表格

技巧 11　从收件人信息中提取姓名、电话和地址

面对杂乱的收件人信息,商家在发货时常手忙脚乱。借助 DeepSeek,能够从电商订单表中快速整理出收件人的姓名、电话及收件地址。

如图 7-18 所示,是某电商的订单信息表,B 列是收件人地址,其中的姓名、地址、手机号等信息顺序杂乱,部分收件人地址缺失省份信息。

	A	B
1	订单号	收件人/地址
2	2963547785	南京市玄武区孝陵卫街道卫岗999号13400097654毕小姐
3	8996778780	上海松江区沈砖公路333号 王美丽15900999999
4	9349225717	上海市松江区洞泾镇保隆公寓茂盛路7777号 18216560000赵贵珍
5	8040763576	杭州市余杭区金都夏宫17栋20单元1111 杨小姐　18265000000两箱
6	3765592281	上海市青浦区青峰路1111弄111号1室,联系人: 苗成燕,手机号: 15299750000
7	8255260292	袁小春 13951520000上海市松江区洞泾镇王家库路50弄49号408
8	4524834470	上海市松江区洞泾镇长兴路380弄280号180 林丽娜18520000300
9	2963547810	沈阳市于洪区赤山路华润1001号院东区 蒙传新16100002000 四箱
10	8996778805	李先生 18500098000　河南省三门峡市渑池县19638煤矿门卫室
11	9349225742	15666777888江苏苏州市常熟市虞山街道3333号 董文美
12	8040763601	江苏省常州市钟楼区泰home1111号, 常州冉光危险品运输有限公司 季文超 13900000999
13	3765592306	陈春强15688885000武汉市江夏区 文化大道299号汉口学院学生公寓199栋

图 7-18　订单信息表

单击 DeepSeek 对话框右下角的 ⓤ 按钮，上传包含订单信息的 Excel 文件，并发送以下提示词。

> 请对 B 列的收件人信息进行整理，提取出姓名、手机号和地址。若地址中没有省份信息，请补齐省份信息。结果以表格形式显示，表格字段包括订单号、地址、姓名和手机号。

DeepSeek 整理后的结果如图 7-19 所示。

订单号	地址	姓名	手机号
2963547785	江苏省南京市玄武区孝陵卫街道卫岗999号	毕小姐	13400097654
8996778780	上海市松江区沈砖公路333号	王美丽	15900999999
9349225717	上海市松江区洞泾镇茂盛路保隆公寓7777号	赵贵珍	18216560000
8040763576	浙江省杭州市余杭区金都夏宫17栋20单元1111	杨小姐	18265000000
3765592281	上海市青浦区青峰路1111弄111号11室	苗成燕	15299750000
8255260292	上海市松江区洞泾镇王家库路50弄49号408	袁小春	13951520000
4524834470	上海市松江区洞泾镇长兴路380弄280号180	林丽姗	18520000300
2963547810	辽宁省沈阳市于洪区赤山路华润1001号院东区	蒙传新	16100002000
8996778805	河南省三门峡市渑池县19638煤矿门卫室	李先生	18500098000
9349225742	江苏省苏州市常熟市虞山街道3333号	董文英	15666777888
8040763601	江苏省常州市钟楼区泰ло路1111号常州冉光危险品运输有限公司	季文姗	13900000999
3765592306	湖北省武汉市江夏区文化大道299号汉口学院学生公寓199栋	陈春强	15688885000

图 7-19　DeepSeek 整理后的结果

DeepSeek 自动补全了市级地址的省份信息，省级地址直接保留，并且移除了"两箱""四箱"等备注信息。

技巧 12　补全地址中的省、市、区（县）信息

如图 7-20 所示，是一些省、市、区（县）信息不完整的地址。借助 DeepSeek，能够快速补全这些地址中缺失的省、市、区（县）信息。

	A	B	C	D
1	地址	省份	城市	区（县）
2	吉林市东局子街道			
3	北京市方庄饮马井75号			
4	义乌市中心医院			
5	辛集市辛集镇第二中学			
6	德州市新华街道45号			
7	四平市铁西邮政局			
8	乐陵市杨安镇中心学校			

图 7-20 信息不完整的地址

复制 A 列中的地址，粘贴到 DeepSeek 对话框中，并发送以下指令。

请对这些地址进行解析，以表格形式返回完整的省份、城市和区（县）信息。

DeepSeek 生成的内容如图 7-21 所示。

地址	省份	城市	区（县）
吉林市东局子街道	吉林省	吉林市	昌邑区
北京市方庄饮马井75号	北京市	北京市	丰台区
义乌市中心医院	浙江省	金华市	义乌市
辛集市辛集镇第二中学	河北省	石家庄市	辛集市
德州市新华街道45号	山东省	德州市	德城区
四平市铁西邮政局	吉林省	四平市	铁西区
乐陵市杨安镇中心学校	山东省	德州市	乐陵市

图 7-21 补充完整的省份、城市和区（县）信息

DeepSeek 逐一解析各地址的组成部分，结合各行政区域的隶属关系，准确填写了对应的省份、城市和区（县）信息，其中，县级市全部归属到地级市。

03 第3篇 新媒体引擎：
短视频与营销内容创作指南

　　作为国内前沿的 AI 技术平台，DeepSeek 已构建覆盖多维度应用场景的新媒体解决方案体系，其核心价值集中体现在智能内容生产、精准用户交互等方面，支持快速生成符合新媒体传播规律的优质图文、视频脚本及互动素材，大幅提高内容产出效率，帮助用户在新媒体平台上快速吸引粉丝关注，持续提高内容的用户互动率和转化效果。

第 8 章 新媒体引擎：短视频与营销内容创作指南

本章聚焦 DeepSeek 如何赋能新媒体生态，详细讲解如何通过生成高传播力的短视频脚本、营销图文及互动素材，结合精准用户画像与分发策略，有效解决内容创作效率低、传播效果差等问题，为用户提供从创意到转化的实战方法论。

本章的主要内容

◆ 技巧 1 制作抖音、小红书短视频封面
◆ 技巧 2 使用 DeepSeek+ 即梦 AI 生成海报
◆ 技巧 3 使用 DeepSeek+ 通义万相生成 AI 视频
……

技巧 01 制作抖音、小红书短视频封面

优秀的封面是获取更多流量的重要因素之一，一个好的短视频封面，能够显著增加视频流量。封面的清晰度、信息传达效率直接影响用户的点击意愿，尤其是在搜索推荐场景中，封面作为静态展示的第一帧，承担着"无声推销员"的角色。

借助 DeepSeek 能够按要求制作出适合在抖音、小红书等平台传播的短视频封面。以制作抖音短视频封面为例，在 DeepSeek 对话框中发送以下提示词。

> 请使用 HTML 代码制作一个抖音短视频封面，风格清新，比例为 16∶9，封面文字为"3 招教你做抖音爆款短视频"。

DeepSeek 生成的代码如图 8-1 所示。

```html
</head>
<body>
    <div class="container">
        <div class="bubble"></div>
        <div class="bubble"></div>
        <div class="bubble"></div>

        <div class="content">
            <div class="title">3招教你做<br>抖音爆款短视频</div>
            <div class="decorate-line"></div>
            <div class="subtitle">新手必看 | 干货教程</div>
        </div>
    </div>
</body>
</html>
```
▶ 运行 HTML

图 8-1 HTML 格式的封面代码

单击代码框右上角的【复制】按钮，将代码保存到新建的文本文档中，并将文本文档的后缀改为 .html。双击修改后缀后的文本文档即可预览生成的封面，效果如图 8-2 所示。

给出的提示词越详细，最终的封面越能体现个性化效果。在制作图片之前，可以要求 DeepSeek 给出制作建议。例如，在 DeepSeek 对话框中发送以下提示词。

> 分析小红书点赞 10w+ 的【办公类】封面的共性，总结 5 条设计规则，并生成 3 套符合规则的封面模板描述。

此时 DeepSeek 会给出相应的封面描述，根据 DeepSeek 给出的建议整理思路，重新在 DeepSeek 对话框中发送提示词，举例如下。

> 使用 HTML 代码制作一个小红书封面，使用白/蓝/黄撞色组合，关键信息用色块/箭头/对话框强化，主标题为"Excel 透视表"，副标题为"3 步搞定周报"，主标题和副标题居中，标题下方添加进度条（70% 处标红）。

DeepSeek 根据提示词生成 HTML 代码，按照前文所述步骤进行预览，效果如图 8-3 所示。

图 8-2　抖音封面效果图

图 8-3　小红书封面效果图

技巧 02　使用DeepSeek+即梦AI生成海报

即梦 AI 是创意领域的"魔法精灵",具有将文字转化为图像和视频的神奇魔力。如果将 DeepSeek 比作智慧的大脑,即梦 AI 就是神奇的画笔,它们碰撞后产生的创意火花不是简单的 1+1,而是指数级别的创意爆发。

例如,要借助即梦 AI 生成新品口红的宣传海报,可以先在 DeepSeek 对话框中输入需求,要求 DeepSeek 提供创作灵感。

> 请提供一个口红的宣传海报设计方案,要突出其质地丝滑、显色持久的特点。

DeepSeek 生成的海报设计方案如下。

```
口红宣传海报设计方案
主题:
「丝缎之吻,锁色永恒」
——让双唇成为流动的艺术
主视觉:动态丝滑质感
口红膏体"融化"成液态金属的形态,流淌成一条光泽如缎带的曲线,末端自然过渡到模特饱满的唇部特写(唇色选用高饱和度的正红/酒红),凸显"丝滑触感"与"极致显色"的融合。
时间符号:
背景融入若隐若现的钟表齿轮或沙漏剪影,暗喻显色持久;搭配飞散的晶莹光点,增强画面张力。
主色调:深邃黑金渐变 + 高饱和度的唇色(如勃艮第红、焦糖棕),营造奢华感。
辅助色:液态金属银、玫瑰金,强化质地丝滑的特点。
标题字体采用具有流动感的手写体,笔画末端模拟丝绸飘逸的拖尾效果,搭配微光质感。
副标题为"丝滑如缎,持色如初",使用无衬线字体,提高信息传达效率。
```

复制以上内容,进入即梦 AI 首页,单击【AI 作图】区域的【图片生成】按钮,如图 8-4 所示。

图 8-4 即梦 AI 局部界面

在页面左侧的【图片生成】文本框中粘贴 DeepSeek 生成的设计方案,并在【模型】区域选择符合要求的生图模型,如图 8-5 所示。

在页面底部区域可选择精细度、图片比例及图片尺寸,如图 8-6 所示,精细度数值越大,生成的图片质量越好。

图 8-5 粘贴设计方案,选择生图模型　　图 8-6 设置精细度、图片比例和图片尺寸

单击【立即生成】按钮,即梦 AI 会同时生成 4 张图片供用户选择,如图 8-7 所示。

图 8-7 即梦 AI 生成的图片效果

单击选择较为满意的一张图片后,单击页面右侧的【细节修复】【局部重绘】【扩图】【消除笔】等按钮即可进行编辑处理,如图 8-8 所示。

图 8-8 图片编辑选项

编辑完毕后右击图片,在弹出的扩展菜单中选择【下载图片】命令,即可将图片下载到本地。

技巧 03 使用DeepSeek+通义万相生成AI视频

制作短视频时，提示词非常关键。使用提示词，能够让 AI 理解用户的需求并生成相应的视频内容。

在 DeepSeek 对话框中输入需求，要求 DeepSeek 提供创作灵感。

> 我需要借助 AI 生成短视频，请设计一个时长为 10 秒左右的方案，主题为"练瑜伽的猫咪"，使用明亮、温馨的色调。

DeepSeek 生成的视频方案如下。

镜头 1（0-2 秒）

画面：阳光洒落的木地板全景，粉色瑜伽垫中央蜷缩一只橘色猫咪（AI 生成拟人化圆脸猫）。

动态：猫咪伸懒腰后前爪合十作"祈祷式"，尾巴缓慢抬起。

色调：浅粉+奶油色滤镜，光晕特效突出温馨感。

镜头 2（2-4 秒）

近景特写：猫爪伸展成"树式"，单腿站立（AI 模拟萌系平衡摇晃），背景虚化为柔焦绿植。

细节：加入飘落的樱花花瓣粒子特效（增强梦幻感）。

镜头 3（4-7 秒）视角切换：俯拍猫咪仰躺在垫子上，后腿蹬向空中模仿"下犬式"，添加 Q 版汗珠贴纸。

互动元素：右侧飞入半透明瑜伽教学插画箭头（箭头指向猫爪，示意动作标准度）。

镜头 4（7-10 秒）慢动作收尾：猫咪翻滚成团，头顶浮现金色"Namaste"手写字（粒子消散效果）。

背景：渐变为黄昏色调，呼应开头的阳光变化。

复制以上内容，打开通义万相，单击通义万相首页左侧的【视频生成】按钮，在编辑框中按 <Ctrl+V> 组合键粘贴 DeepSeek 生成的视频方案，选择比例后单击【生成视频】按钮，如图 8-9 所示。

第 8 章 新媒体引擎：短视频与营销内容创作指南

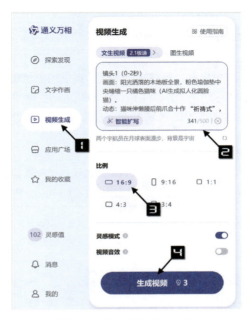

图 8-9 通义万相视频生成

等待片刻，即可生成一个短视频，效果如图 8-10 所示。如果视频效果不符合预期，可以重新生成。

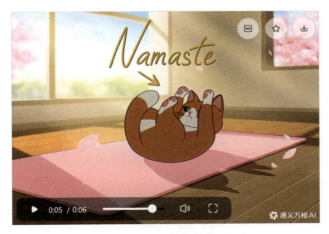

图 8-10 通义万相生成的短视频

技巧 04　生成抖音分镜脚本

在借助 DeepSeek 生成抖音短视频脚本时，提供的信息越详细，生成的脚本越能精准匹配抖音的短、平、快属性和算法偏好。这些信息包括核心主题、内容方向、视频风格、目标受众、关键元素、视觉要求、音频需求等。

在 DeepSeek 对话框中发送以下提示词。

> 我需要制作一个 30 秒左右的抖音短视频分镜，主题为"夜晚的西安"，要突出西安的历史和人文特色，希望能吸引更多年轻人关注。请根据上述要求设计分镜脚本。

DeepSeek 生成的分镜脚本如下。

分镜脚本 |《夜长安·时空交响曲》
BGM：国潮电子音乐（古筝 + 电子鼓点）
【开场 - 时空隧道】（3 秒）
无人机广角俯拍钟楼全景，金色灯光勾勒出盛唐轮廓
镜头急速下坠穿越楼层，光轨化作流动的星河
字幕：当 1300 年的心跳遇见赛博脉搏
【历史切片】（4 秒）
大雁塔红墙慢镜头，汉服少女手持鱼灯掠过画面
切镜：不夜城悬浮诗词投影与游客 AR 互动同框
特效：青铜纹样在霓虹中粒子化重组
【市井交响】（5 秒）
延时摄影：回民街蒸汽升腾的镜糕摊 × 咖啡拉花特写
滑轨镜头：皮影戏后台的老艺人 × 电竞屏前敲击键盘的青年
字幕：老饕的胃与潮人的 DNA 同时躁动
【未来脉冲】（5 秒）
仰角移轴：摩天楼群折射极光特效
光绘镜头：奥体中心流动的荧光夜跑轨迹
赛博朋克色调：量子晨街舞 battle 残影

【终极融合】（3秒）
城墙洞开，无人机矩阵组成「长安」篆体字形
动态跟踪字幕：十三朝的故事，等你续写新章节
收尾 LOGO：西安地标剪影化作关注按钮特效
创意核心：
视觉暴力美学：采用高饱和撞色 + 机械姬风格调色，制造视觉冲击
时空蒙太奇：通过相似构图转场（如传统灯笼→霓虹灯牌）打破时空结界
参与感埋点：设计多个 UGC 互动切口（AR 诗句、光绘轨迹等）
技术建议：
使用大疆 Pocket 3 拍摄动态穿梭镜头
人物场景采用 120fps 升格拍摄
关键帧添加故障艺术特效

以上脚本通过设计高密度镜头，在 30 秒内构建了传统与现代的超现实碰撞，融合历史纵深感与现代化的活力，符合抖音年轻用户的审美偏好。

技巧 05　生成朋友圈推广文案

给予结构化描述后，DeepSeek 能精准捕捉产品亮点，生成营销策略。例如，要在朋友圈推广一款生姜防脱洗发水，需要突出核心卖点，锁定目标人群，以目标人群更感兴趣的方式展示促销信息。

在 DeepSeek 对话框中发送以下提示词。

> 你是一名广告策划师，请生成一篇 120 字内的朋友圈文案，介绍名为"蓝星"的生姜防脱洗发水，要突出生姜精华固发、减少断发的功效，目标人群为职场熬夜人群，正在进行买正装送旅行套装活动，文案以"痛点 + 共鸣 + 专业解决方案"的方式呈现。请提供 3 种不同风格的备选方案。

DeepSeek 生成的结果如下。

【方案一：共鸣反问式】　凌晨改 PPT 时，发缝又宽了 1mm？蓝星生姜洗发水

专研姜黄素精华，28 天强韧发根，即使熬夜加班，发丝也能扛住压力！买正装即赠便携旅行装，出差救发两不误。职场人最后的倔强：头发必须比甲方更顽强！

【方案二：数据见证体】 实验证明：连续使用含 5% 生姜提取物的蓝星洗发水，断发率降低 63%。职场熬夜党专享福利：现购 280ml 正装即赠 80ml 旅行套装，发丝强韧计划，从居家到差旅无缝衔接。

【方案三：场景治愈系】凌晨 2:00 的办公室，咖啡渍落在键盘，发丝掉在指间。用蓝星洗发水的微温姜感按摩头皮，将熬夜的焦虑揉成绵密泡沫。买 1 得 5 的旅行装已备好，下次出差，让发梢替你守住体面。

各方案均严格控制在 120 字以内，通过不同叙事角度，在触达目标人群时兼顾情感共鸣与专业背书，结尾植入促销信息，自然不突兀。

04 第4篇 智慧成长篇：
家庭教育与学习力提升方案

　　DeepSeek 在亲子教育领域的应用广泛，已形成多维度解决方案，涵盖学习辅导、思维训练、亲子互动等场景。随着 AI 进一步融入生活化教育场景，智慧成长正在不断重塑传统的亲子教育模式。

第 9 章 亲子互动宝典：学习与游戏

DeepSeek 能够根据孩子的兴趣提供个性化的学习内容和建议，并通过游戏化设计，激发他们的学习兴趣、优化他们的学习效果。

本章的主要内容

- 技巧 1 生成 20 以内的加减法练习题
- 技巧 2 生成带拼音的生字表
- 技巧 3 生成生字卡

……

生成 20 以内的加减法练习题

一年级的小学生刚接触数学,需要重复性练习,题目难度不能太大,借助 DeepSeek,能够快速生成 20 以内的加减法练习题。

在 DeepSeek 对话框中发送以下提示词。

> 请生成 50 道数学练习题,内容为 20 以内的加减法,适合一年级学生学习和复习。结果以 A4 纸张三列表格形式排版,以代码形式生成,代码要符合 Markdown 标准。

DeepSeek 生成的代码如图 9-1 所示。

图 9-1 加减法练习题代码

复制 DeepSeek 生成的内容,打开 Markdown 在线编辑器,将代码粘贴到编辑器页面左侧。单击【导出 Word 文档】按钮,即可将 Word 文档下载到本地,效果如图 9-2 所示。

题目 1	题目 2	题目 3
5 + 3 =	12 - 4 =	9 + 7 =
14 - 6 =	8 + 9 =	17 - 5 =
10 + 2 =	19 - 8 =	4 + 11 =
18 - 3 =	7 + 6 =	15 - 9 =
2 + 13 =	20 - 7 =	5 + 8 =
16 - 4 =	11 + 3 =	10 - 5 =
7 + 9 =	14 - 2 =	6 + 10 =
13 - 8 =	4 + 12 =	19 - 6 =
1 + 15 =	18 - 5 =	3 + 14 =

图 9-2 20 以内的加减法

以上题目为 3 列排版，A4 纸打印时可自动适配列宽，并留空供孩子填写答案，题目难度符合一年级教学进度。

技巧 02　生成带拼音的生字表

借助 DeepSeek，能够快速生成带拼音的生字表，便于孩子学习、巩固。例如，在 DeepSeek 对话框中发送以下提示词。

> 请生成人教版小学二年级下册《语文》中的全部带拼音生字，结果以表格形式呈现，适合 A4 纸张排版。

DeepSeek 生成的内容如图 9-3 所示。

生字	拼音	生字	拼音	生字	拼音	生字	拼音
诗	shī	村	cūn	童	tóng	碧	bì
妆	zhuāng	绿	lǜ	丝	sī	剪	jiǎn
冲	chōng	寻	xún	姑	gū	娘	niáng
吐	tǔ	荡	dàng	杏	xìng	鲜	xiān
邮	yóu	递	dì	员	yuán	原	yuán
叔	shū	局	jú	堆	duī	礼	lǐ
邓	dèng	植	zhí	格	gé	引	yǐn
注	zhù	满	mǎn	休	xiū	息	xī

图 9-3　人教版小学二年级下册《语文》带拼音生字（部分）

DeepSeek 按课文顺序整理生成了带拼音的生字表，A4 纸横向排版，分为 4 栏显示。

技巧 03　生成生字卡

借助 DeepSeek，能够生成适合学龄前儿童学习的生字卡。例如，在

DeepSeek 对话框中发送以下提示词。

> 请将以下文字以 HTML 形式做成适合学龄前儿童学习的生字卡：
> 大、小、多、少、山、石、土、田。
> 生字卡要包括拼音、图片和笔画顺序，且能够单击发声。

DeepSeek 会生成相应代码。单击代码框右下角的【运行 HTML】按钮，预览效果如图 9-4 所示。

生成的生字卡中没有形象的图片，可以通过多轮对话对生成的结果进行优化。在 DeepSeek 对话框中继续发送以下提示词。

> 以上内容没有图片，请重新生成。

DeepSeek 重新思考后生成新代码。单击代码框右下角的【运行 HTML】按钮，预览效果如图 9-5 所示。

图 9-4　首次生成的生字卡　　图 9-5　第二次生成的生字卡

DeepSeek 提供了图形与文字的对应关系改进说明。

大：用放射状十字表现"扩展"，搭配圆形边框，象征膨胀变大的物体。
小：用递减的圆点尺寸配合垂直轴线，直观表现"由大变小"的概念。

复制代码，粘贴到新建文本文档中保存，将扩展名由 .txt 改成 .html 即可。

技巧04 生成“反义词消消乐”小游戏

将知识融入游戏，能够让孩子在玩游戏的同时学到知识。借助DeepSeek，能生成适合小学生玩的“反义词消消乐”游戏。

如图 9-6 所示，在 Excel 中准备一组反义词对照表。

	A	B
1	长	短
2	多	少
3	黑	白
4	上	下
5	是	非
6	美	丑
7	好	坏

图 9-6　反义词对照表

在 DeepSeek 对话框中发送以下提示词。

> 请写一个适合小学生玩的反义词消消乐游戏的 HTML 代码。要求如下。
> 1. 提供按钮让用户选择 Excel 文件，A 列和 B 列的同行内容是一组反义词。
> 2. 将 A 列和 B 列的内容显示为不同颜色的按钮，分上下两行，每组的顺序随机排列。
> 3. 用户依次单击上下相对应的按钮时，该组内容消失，直到全部内容消失。
> 4. 生成结果和耗时统计。
> 5. 要保证每个按钮都能正常单击。

DeepSeek 生成的部分 HTML 代码如图 9-7 所示。

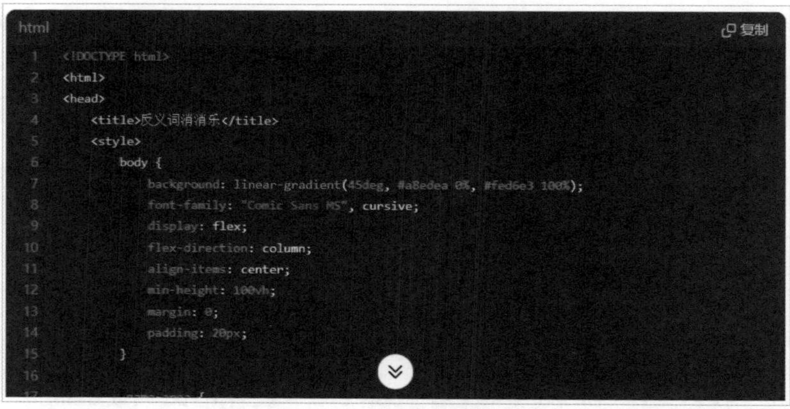


```html
<!DOCTYPE html>
<html>
<head>
    <title>反义词消消乐</title>
    <style>
        body {
            background: linear-gradient(45deg, #a8edea 0%, #fed6e3 100%);
            font-family: "Comic Sans MS", cursive;
            display: flex;
            flex-direction: column;
            align-items: center;
            min-height: 100vh;
            margin: 0;
            padding: 20px;
        }

```

图 9-7　HTML 小游戏代码（部分）

单击代码框右下角的【运行HTML】按钮,在游戏预览窗口中单击【选择文件】按钮,打开存放反义词的Excel文件。在上下两行分别单击成对的反义词,单击正确,这组反义词就会消失。所有内容消失后显示游戏时长,效果如图9-8所示。

图9-8 消消乐小游戏

技巧05 借助DeepSeek背单词

小朋友的学习是爸爸妈妈、爷爷奶奶普遍关心的,借助DeepSeek,可以让小朋友的学习过程更有乐趣。

在DeepSeek对话框中发送以下提示词。

> 请提供一组三年级学生能够掌握的英文单词。

DeepSeek会按主题分类生成符合要求的英文单词。

```
家庭与人物
1. 家庭 - mother, father, sister, brother, grandma, baby
2. 人员 - friend, teacher, student, neighbor
学校与学习
1. 文具 - book, pencil, eraser, ruler, desk
2. 学科 - math, science, art, music, English
```

> 日常活动
> 1. 动作 - run, jump, read, write, draw
> 2. 日常用语 - hello, goodbye, please, thank you, sorry
>
> 自然与天气
> 1. 天气 - sunny, rainy, windy, cloudy, snowy
> 2. 季节 - spring, summer, autumn, winter
>
> 动物与自然
> 1. 常见动物 - cat, dog, bird, fish, rabbit
> 2. 野生动物 - lion, tiger, elephant, monkey, giraffe
>
> 食物与饮料
> 1. 水果 - apple, banana, orange, grape, watermelon
> 2. 零食与饮料 - pizza, cake, milk, juice, water
>
> 数字与时间
> 1. 1-20 - one, two, three… twenty
> 2. 时间单位 - day, week, month, year
>
> 颜色与形状
> 1. 颜色 - red, blue, green, yellow, black
> 2. 形状 - circle, square, triangle, star, heart
>
> 形容词与反义词
> 1. 描述性词汇 - happy, sad, big, small, fast
> 2. 反义词 - hot/cold, old/new, tall/short, clean/dirty

为了激发小朋友的学习兴趣，在 DeepSeek 对话框中发送以下提示词。

> 请生成一个包含以上单词的英文故事，方便学生认识、巩固这些单词。

DeepSeek 生成的结果如下。

> 以下是一个包含上述单词的简单英文故事，适合三年级学生阅读，情节简单且贴近生活，能够帮助学生在相关语境中理解和记忆单词。
>
> A Sunny Day with Tom and Lucy
> It was a sunny day in spring. Tom and his sister Lucy walked to school with their friends. They carried their books, pencils, and rulers in their bags. "Today

we have math and art!" said Lucy. Tom smiled. He loved drawing circles and stars in art class.

After school, the sky turned cloudy. "Let's run to the park!" said Tom. They saw a big tree with green leaves and a small bird singing. Suddenly, it started to rain! "Oh no, my shoes are dirty!" cried Lucy. But then the sun came out again, making a rainbow with red, blue, and yellow colors.

At home, their mother made apple juice and banana cake. "Thank you, Mom!" said the children. They played with their dog, a happy brown puppy. Later, they read a book about a lion and an elephant in the summer forest.

Before bed, Tom wrote in his notebook: "Today was fun! I saw a bird, ate cake, and learned about numbers like twelve and fifteen." Lucy drew a picture of the rainbow and said, "Goodnight, Grandma!"

重点单词复习

（故事中出现的分类词汇）

天气/季节：sunny, spring, cloudy, rain

家庭/人物：sister, friends, mother, grandma

学校：school, math, art, book, pencil, ruler

动作：run, cried, played, read, wrote

自然/动物：tree, bird, dog, lion, elephant

食物：apple juice, banana cake

颜色/形状：red, blue, yellow, rainbow, circle, star

数字：twelve, fifteen

形容词：big, small, happy, dirty, fun

以上内容，家长可以和小朋友一起分角色朗读，模仿对话语气；可以让小朋友对故事中的单词进行颜色标记，如天气用蓝色标记、动物用绿色标记；可以鼓励小朋友用几句话来续写故事，在趣味阅读与写作中巩固学到的知识。

技巧 06 设计家庭互动游戏

借助 DeepSeek 设计家庭互动游戏,能够提高孩子的学习兴趣。例如,在 DeepSeek 对话框中输入以下提示词。

> 你是一位优秀的儿童教育专家,现在,6 岁孩子的英语启蒙遇到兴趣瓶颈,请设计 3 个家庭互动游戏,要融合生活情景、单词拼读和肢体运动,并提供所需要的材料清单。

以下是 DeepSeek 为 6 岁儿童设计的 3 个英语启蒙互动游戏方案。

游戏一:Phonics Treasure Hunt(语音寻宝大作战)
场景:客厅 / 卧室物品探索
目标:通过肢体运动强化孩子对字母音素的认知
材料清单:
字母磁贴(a-z)、便笺纸、彩色马克笔、小篮子(装战利品用)、家中常见物品(如 cup, book, pen)
玩法:
语音密码设置:家长用便笺纸在物品上贴首字母(如在杯子上贴"C")
寻宝任务卡:给孩子提示:Find something starting with "C". (配合手势模仿发音口型)
动态寻宝:孩子需要用螃蟹步(侧身走)寻找对应物品,找到后大声拼读"C-U-P"并装入篮子
胜利舞蹈:集齐 5 个物品后,用字母磁贴拼出单词,并跳字母形状舞庆祝
能力延伸:逐步增加尾字母匹配(如寻找以"at"结尾的物品)
游戏二:Action Word Obstacle Course(动作词障碍赛)
场景:客厅 / 户外空地
目标:通过大型运动牢记动作词汇
材料清单:瑜伽垫 / 地垫、呼啦圈、毛绒玩具(动物主题)、动作词卡片(jump, crawl, spin 等)

玩法：

场景搭建：以垫子为"swamp"（沼泽），以呼啦圈为"magic rings"（魔法圈）

提示词解码：展示"jump"卡片，家长示范蛙跳并强调发音，孩子模仿

闯关挑战：

Crawl like a bear under the table（桌底熊爬）

Twirl 3 times near the lamp（绕灯旋转 3 次）

创意回合：孩子用毛绒玩具设计新关卡，用英语指挥家长闯关

教学技巧：配合夸张表情和慢动作分解单词音节

游戏三：Grocery Phonics Chef（杂货店语音小厨师）

场景：厨房 / 模拟超市

目标：在生活情境中应用拼读技能

材料清单：

仿真蔬果玩具或真实安全食材、带图片和单词首字母的物品清单、围裙 + 厨师帽（角色扮演道具）

玩法：

采购任务：

给出线索：Find a...round...red...（苹果 apple）

孩子用袋鼠跳方式"跳购"食材

烹饪剧场：

一边洗菜一边唱字母歌（"Washing A-P-P-L-E"）

用食材摆出单词造型（如用胡萝卜条拼"CARROT"）

味觉联想：品尝时闭眼描述：This is sweet, S-W-E-E-T!

跨学科融合：融入数学（数水果）、科学（观察食物变化）知识

以上游戏创意符合儿童的具象认知发展规律，能激发和维持孩子的学习兴趣。

技巧 07　生成小学生手抄报模板

借助 DeepSeek 生成提示词后，使用通义万相的文字作画功能，可以快速生

成小学生手抄报模板。

在 DeepSeek 对话框中发送以下提示词。

> 我希望使用 AI 绘图功能给三年级小学生制作手抄报模板,请生成 5 组实用的提示词。生成的手抄报模板要符合儿童审美,避免超出小学生的理解范围。

DeepSeek 生成的提示词如下。

以下是 5 组适合三年级小学生的手抄报模板的 AI 绘图提示词组合,涵盖不同主题且便于二次创作。

1. 森林主题学习园地

"卡通森林场景,中心大树长着书本形状的树叶,树下有小动物(兔子、松鼠)在看书,天空飘着云朵形状的对话框,地面有彩色蘑菇文字框。整体配色是明快的绿色、黄色和天蓝色。"

2. 太空数学实验室

"Q 版太空站场景,漂浮的数字行星围绕地球旋转,火箭造型的加减法公式,外星人用星星笔在银河幕布上写字,采用蓝紫色星空背景与荧光色装饰线条。"

3. 海底语文世界

"珊瑚礁组成的成语城堡,会吐泡泡的章鱼老师,贝壳形状的田字格,海马举着成语接龙卷轴,彩虹鱼群组成标题文字,水波纹质感背景配珍珠高光。"

4. 四季时钟花园

"圆形表盘被分割为四个季节区域:春花区有蝴蝶形便签,夏荷区有水滴文本框,秋叶区配果实贴纸,冬雪区设雪花批注框,中心位置是太阳和月亮的昼夜切换设计。"

5. 运动健康跑道

"操场环形跑道变成字母路径,跳绳组成标题栏,篮球筐接住营养金字塔,运动小人剪影在彩虹尽头跳跃,果蔬云朵飘在淡蓝色天空背景中。"

选择一组提示词复制,在通义万相页面左侧单击【文字作画】按钮,在编辑框中按 <Ctrl+V> 组合键粘贴提示词,加上设计要求,如"预留 30% 空白区域供手写内容,使用高对比度色块"等,选择比例后单击【生成画作】按钮,如图 9-9 所示。

图 9-9 文字作画

通义万相会按照要求生成 4 张图片供用户选择。光标悬停在图片上时，会出现下载按钮，单击选择【无水印下载】选项即可，如图 9-10 所示。

图 9-10 通义万相生成的手抄报模板

第10章 学业加速器：规划与提升

DeepSeek 在学习提升领域的应用包括个性化辅导、资源整合、效率优化等，借助 DeepSeek，能够实现效率与能力的双重提升。

对学生来说，DeepSeek 可以成为他们的私人学习助手：当在学习数学的过程中遇到难题，DeepSeek 可以提供详细的证明步骤和思路讲解；当在学习语文的过程中遇到困难，DeepSeek 可以分析古诗词的含义、赏析方法等，提供更多理解、掌握知识的技巧。

本章的主要内容

- ◆ 技巧1 使用 DeepSeek 量身定制学习规划
- ◆ 技巧2 使用 DeepSeek 做试题知识点总结
- ◆ 技巧3 使用 DeepSeek 解读古诗词

......

技巧 01　使用DeepSeek量身定制学习规划

DeepSeek 能够量身定制学习规划。例如，现在需要帮助一位零基础的初中生制订一个为期半年的日语学习计划，目标是掌握常用口语，可以在 DeepSeek 对话框中发送以下提示词。

> 我是一名零基础的初中学生，希望利用课余时间，在半年内学习、掌握常用日语口语，请给出详细可行的学习规划。

DeepSeek 生成的学习规划如下。

【1-2 周】五十音攻坚·每日早晚各 15 分钟：用日语五十音图 App 玩卡片游戏，周末看《樱桃小丸子（中日字幕版）》片段跟读。

【3-10 周】场景化表达·分 8 个主题：问候/饮食/学校/购物等，每周掌握 1 组万能句（如：これはいくらですか + 相关单词）；"简明日语"广播剧跟读。

【11-18 周】对话实战：周末用"Tandem"进行 15 分钟语音交流，录制《你的名字》经典片段配音。

【19-24 周】能力整合：模拟机场/便利店等场景，自导自演进行对话，参加本地日语角的活动。

每日任务

晨间（10min）：复习前日学习的句型 + 新单词卡 5 张。

课间（5min×3）：听 NHK 儿童新闻周刊片段。

晚间（15min）：App 闯关练习 + 录音对比发音。

周末（40min）：影视片段模仿/线上交流。

教材：《大家的日语·初级》图解版，B 站"趣味日语"跟学。

注意事项：

优先掌握 100 个高频动词 + 形容词。

初期允许使用"中日混搭"方式表达（例：この铅笔，借りてもいい？）。

重点纠正长短音、促音发音差异。

每月录制 1 次自我介绍视频，观察自己的发音是否有进步。

此计划每日实际学习时间约 40 分钟，通过高频场景植入可持续进步，半年后可完成基础日常对话，建议配合学校假期集中进行听力强化训练。

以上学习规划从零基础开始,分阶段说明了每周的学习内容,不仅推荐了合适的学习工具,还给出了每日学习的时间安排建议,兼顾课业与碎片化学习。

技巧 02 使用DeepSeek做试题知识点总结

如图 10-1 所示,是某单位计算机水平考试上机试卷的部分内容。借助 DeepSeek,可以对考试题目的知识点进行总结。

图 10-1 计算机水平考试上机试卷(部分)

单击 DeepSeek 对话框右下角的 @ 按钮,上传试题文件,并发送以下提示词。

> 请认真总结考试题目中的知识点,生成结果需要确保准确,并以表格形式列出。

DeepSeek 生成的知识点总结表格如图 10-2 所示。

题号	知识点分类	具体知识点	对应软件/工具
第一题	文档创建与保存	创建新文档并按要求命名（KS_姓名.DOCX）	Word
	页面设置	设置纸张大小（B5、纵向）、页边距（上下2.2cm，左右2cm）、页眉页脚距边界值（1.5cm/0.9cm）	Word
	字体与段落格式	字体（仿宋_GB2312、小四、青色）、段落格式（两端对齐、首行缩进2字符、行距固定值25磅）	Word
	文档合并与格式同步	插入外部文档（文档2.DOCX）并同步段落格式（按第3题要求）	Word
	文本框操作	插入竖排文本框，设置内容、字体（黑体、二号、橙色、阳文）、填充效果（麦浪滚滚）、尺寸（6.17cm×3.81cm）、四周型环绕	Word
	边框与底纹	段落框线（酸橙色1磅）、底纹（灰色-5%）；特定文本格式（浅橙色、加着重号）	Word
	图片处理	插入图片（zc_tp2.jpeg），裁剪左侧20.24cm，调整尺寸（5cm×5cm），设置阴影（样式14）、四周型环绕	Word

图10-2　计算机水平考试上机试卷知识点总结

以上总结以表格形式呈现，结构清晰、分类明确，便于复习和记忆。

技巧03　使用DeepSeek解读古诗词

DeepSeek 支持使用贴近生活的语言为孩子们解读经典古诗词。例如，《春夜喜雨》是杜甫的名作，描述了春雨的特点和成都春夜降雨的景象，借助 DeepSeek，可以生成适合小学生阅读的古诗词解读。

在 DeepSeek 对话框中发送以下提示词。

> 你是一位资深的小学语文老师，请给小学六年级学生解读古诗《春夜喜雨》。

DeepSeek 生成的解读内容如下。

《春夜喜雨》解读课堂
《春夜喜雨》

唐·杜甫

好雨知时节,当春乃发生。
随风潜入夜,润物细无声。
野径云俱黑,江船火独明。
晓看红湿处,花重锦官城。

第一步:读诗题,猜内容

提问引导:

从"春夜喜雨"这四个字里,能看出什么信息呢?

引导孩子拆分理解:春天+夜晚+令人欢喜的雨→诗人写的是春天雨夜的心情。

第二步:逐句讲解,想象画面

1. 好雨知时节,当春乃发生

关键词:"知时节"

解释:春雨像懂事的小朋友,知道春天是万物生长的季节,所以"选对时间"来帮忙。

2. 随风潜入夜,润物细无声

关键词:"潜""细无声"

解释:雨很温柔,趁着夜晚人们睡觉时,悄悄地跟着风来,轻轻地滋润大地。

3. 野径云俱黑,江船火独明

解释:郊外的小路被乌云笼罩,一片漆黑;江上渔船的一盏灯火,在黑暗中显得格外明亮。

4. 晓看红湿处,花重锦官城

关键词:"红湿""花重"

解释:诗人想象中的第二天早晨的情景——满城被雨水打湿的花朵沉甸甸地开放,锦官城像穿上了彩衣!(校园里雨后沾水珠的樱花、海棠,是不是会比平时更鲜艳?)

第三步:体会情感,感悟"喜"从何来

讨论问题:

春雨有哪些"好"?(及时、温柔、滋润万物。)

诗人为什么"喜"?(爱自然、关心庄稼生长、为春天生命的萌发感到欢喜。)

第四步:联系诗人背景,升华主题

杜甫被称作"诗圣",他写诗时尤其关注百姓和土地。这场春雨让庄稼生长,秋天时,农民就能获得大丰收,所以他特别开心。
(价值观引导:真正的快乐,不仅是为自己,也是为他人感到幸福。)

以上解读生动有趣,氛围轻松,能够让学生在理解诗歌的同时,感受到其中的美和诗人真挚的情感。

技巧 04 使用DeepSeek批改作文

如图 10-3 所示,是一篇小学生写的作文。借助 DeepSeek 可以对其进行批改。

> **我的妈妈**
>
> 我的妈妈今年三十五岁,她中等个子,留着长长的头发,脸上总是带着温柔的微笑。妈妈每天都很辛苦,早上要送我上学,晚上还要辅导我写作业。
>
> 妈妈很爱我,总是把最好的东西留给我。记得有一次我发烧了,她整夜没睡照顾我。虽然她平时工作很忙,但周末还是会带我去公园玩。妈妈做的饭特别好吃,尤其是红烧肉和番茄炒蛋,每次我都能吃两碗饭。
>
> 我觉得妈妈是世界上最伟大的人。她不仅教我做人要诚实,还教会我很多生活技能。等我长大了,一定要好好照顾妈妈,就像她现在照顾我一样。
>
> 我爱我的妈妈,她是最好的妈妈!

图 10-3 小学生作文

单击 DeepSeek 对话框右下角的 ◎ 按钮,上传作文图片,并发送以下提示词。

> 图片中的内容是一篇小学四年级学生写的作文,你作为一位资深的小学语文老师,请对这篇作文进行批改。

DeepSeek 返回的批改意见如下。

一、作文批改建议
(一)优点肯定
结构完整:总 - 分 - 总结构清晰,首尾呼应。
情感真挚:通过描写生活细节,自然流露出对母亲的爱。

语言朴实：符合四年级学生的语言特点，表述自然。

（二）提升建议

细节描写（原文修改示例）：

原句：她整夜没睡照顾我。

优化：她整夜守在我床边，一会儿用温毛巾给我擦额头，一会儿轻轻拍着我的背，就像小时候哄我睡觉那样。

语言润色（原文修改示例）：

原句：妈妈做的饭特别好吃。

优化：厨房里飘来的香味总是第一个向我报信，不用看都知道是妈妈又在施展她的魔法。

结构优化建议：

增加过渡句："妈妈对我的爱不仅体现在生活上，还教会我做人的道理"，使上下文衔接更自然。

写作技巧点拨：

建议尝试使用"五感法"描写妈妈：晨光中妈妈发丝的茉莉花香（嗅觉）、红烧肉在锅里咕嘟作响的声音（听觉）等。

二、教师示范批注

"孩子，你有一双善于发现爱的眼睛！老师看到了一个温柔能干的母亲形象。试着回忆某个特别的雨天，妈妈接你放学的场景：她的衣服淋湿了吗？牵你的手是什么温度？把这些细节加进去，你的妈妈的形象会更鲜活！"

以上批改总结了学生的进步空间，鼓励学生继续练习写作，同时提醒学生注意观察日常生活，以丰富作文内容。

技巧 05　使用DeepSeek拍照解题

依托图像识别与自然语言处理技术，DeepSeek能快速提取题目中的数学公式、文本信息，生成精准解析。借助DeepSeek，用户不仅能看到最终答案，还能通过每一步的推导学习解题思路、提高学习效率。

以解答初中一年级的数学题目为例，对需要解题的题目进行拍照，如图

10-4 所示。

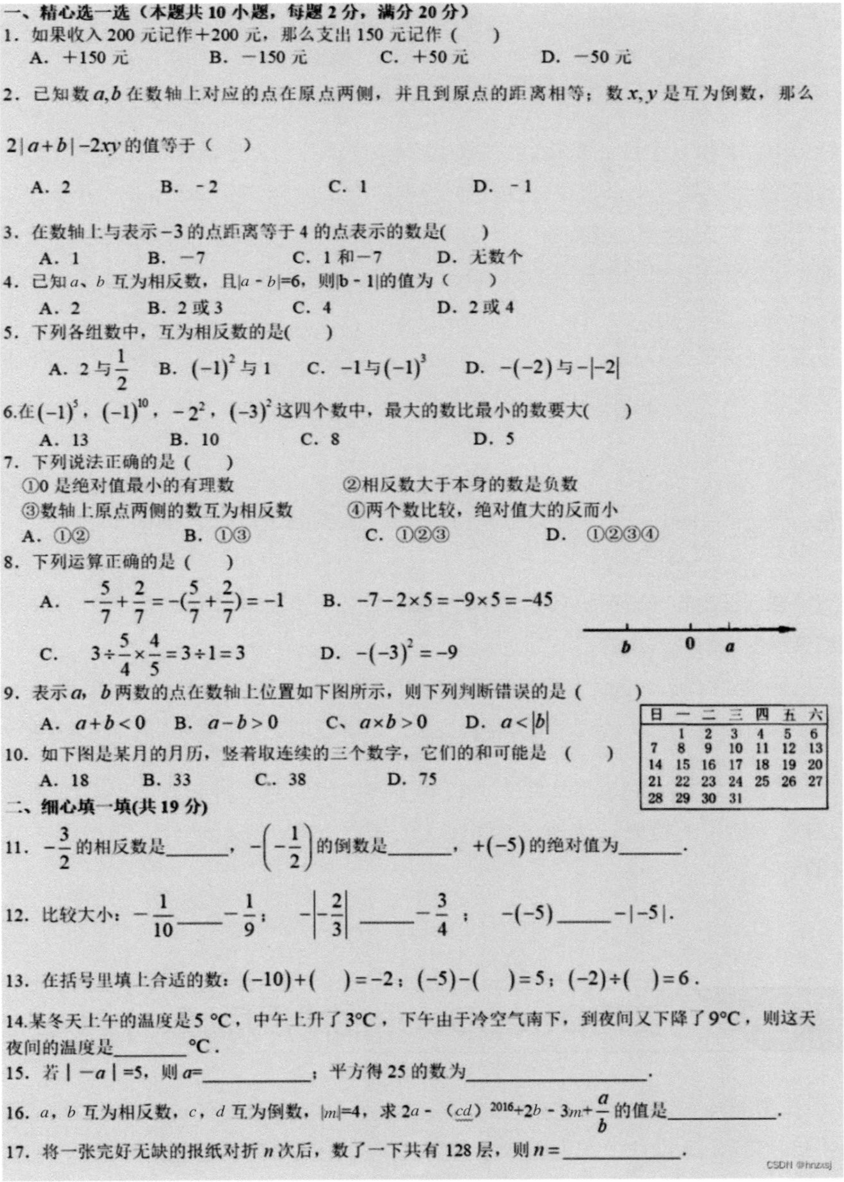

图 10-4　需要解题的题目的照片

单击 DeepSeek 对话框右下角的 ⓤ 按钮,上传题目照片,并发送以下提示词。

> 第二题的正确答案是哪个选项,为什么?

以下是 DeepSeek 给出的解题推理过程。

题目中说 a 和 b 在原点两侧,且到原点的距离相等,也就是说 a 和 b 互为相反数,对吗?比如 a 是 3,b 就是 -3,这样它们分别在原点两侧,并且到原点的距离都是 3。由此可以得出 a=-b,或者 b=-a。这样的话,a+b=0。因此,|a+b| 就是 |0|=0。进而可以推断表达式中的第一部分 2|a + b| 就是 2×0=0。

接下来是第二部分 -2xy。题目中说 x 和 y 互为倒数,因为互为倒数的两个数相乘等于 1,所以 xy=1。比如 x 是 2,y 就是 1/2,乘积就是 1。因此,xy=1,-2xy 就是 -2×1=-2。

整个表达式 2|a+b|-2xy 为 0-2=-2。因此,这道题应该选择 B 选项,即 -2。

我需要仔细检查一下有没有哪里考虑不周。比如,有没有可能 a 和 b 的位置关系或者相反数的关系理解错了?
题目明确说 a 和 b 在原点两侧,距离相等,所以确实是相反数,a+b=0 没错。x 和 y 互为倒数,所以 xy=1 也没问题。因此,计算是对的,结果是 -2,对应选项 B。

整个推导详细展示了从题干分析到公式应用的完整过程,不仅有思考,还有对思考结果的检查。这种"透明化"的解题方式,尤其适合需要培养逻辑思维的学生。

技巧 06 使用DeepSeek生成读后感

作为老师和家长,在教学生写读后感时,可以让 DeepSeek 给出一篇示例,示例的内容必须符合小学生的理解水平——要有一定的深度,但不能过于复杂。

在 DeepSeek 对话框中发送以下提示词。

> 你是一名四年级的小学生,请根据课文《精卫填海》写一篇 200 字以上的读后感。

DeepSeek 生成的内容如下。

《精卫填海》读后感

今天语文课上,我们学了《精卫填海》这个神话故事。回到家后,我的脑海里一直浮现那只小鸟叼着树枝和石头飞来飞去的样子,就像动画片里的小英雄。

故事里的小精卫原本是炎帝的女儿,她在东海游泳时被大浪卷走了。看到这里时,我的手心都冒汗了,特别担心她会沉下去。后来,她变成了精卫鸟,没有躲在树林里哭鼻子,反而每天天不亮就出发,像我们上学一样准时,一趟又一趟地往大海里丢小石子。这让我想起去年学骑自行车时摔破膝盖,妈妈说的"慢慢来,总能学会",我现在才明白,原来这就是坚持的力量。

今天放学路上,我发现花坛边有群蚂蚁在搬面包屑,它们排着队爬上水泥台阶,就像精卫鸟往海里扔石头。我突然觉得课本里的故事活过来了!虽然大海那么大,精卫鸟那么小,但妈妈说:"你看公园里的假山,不也是很多小石头堆起来的吗?"这句话让我眼前一亮,原来每一件大事都是从小事做起的。

我要向精卫学习,每天坚持做好一件小事,说不定等我长大以后,也能用这样的小坚持,完成一件很了不起的大事呢!

以上内容从孩子的视角出发,不仅用简单的语言和结构表达了故事的寓意,还联系实际生活总结了从故事中学到了什么。

技巧 07 使用DeepSeek设计跨学科课程

跨学科课程能够培养学生的思考能力,使学生的知识结构和知识体系成为一个整体,以更全面的观点认识和解决问题。

借助 DeepSeek,可以快速设计跨学科课程。在 DeepSeek 对话框中发送以下提示词。

> 你是一名高级教师,请设计一堂初中三年级语文与地理的融合课程《古诗词中看地理》,要求选取三首包含地理元素的古诗,展开跨学科的探究活动,制定知识

> 掌握维度、跨学科思维及表达能力这三个方面的评估标准。

DeepSeek 生成的《古诗词中看地理》跨学科课程设计方案如下。

一、课程目标

语文维度：赏析古诗词，理解地理意象的文学表达功能。
地理维度：识别古诗词中的自然地理特征，分析地理环境与人文活动的关系。
思维维度：建立"文学感知 - 地理分析 - 文化理解"的跨学科认知路径。

二、古诗选篇及地理要素解析

（第一板块）《早发白帝城》李白
▷ 地理元素：长江三峡（巫峡、瞿塘峡）。
▷ 跨学科探究：白帝城地理位置对航运的影响 / 诗歌时空压缩手法的地理依据。
（第二板块）《凉州词》王之涣
▷ 地理元素：玉门关（西北干旱区）、黄河源区。
▷ 跨学科探究：季风区与非季风区界线 / 地理阻隔对边塞文化的影响。
（第三板块）《题西林壁》苏轼
▷ 地理元素：庐山（断块山地貌）、地形与视角的关系。
▷ 跨学科探究：山地垂直地带性 / 观察角度与认知方式的关系。

三、教学活动设计

【导入环节】地理猜诗谜（5 分钟）
展示中国地形图，根据诗句猜测地理特征：
"朝辞白帝彩云间"（长江三峡）
"春风不度"（季风区界线）
"横看成岭侧成峰"（山地地貌）
【探究活动 1】诗路地图绘制（15 分钟）
分组复原三首古诗涉及的地理路线，标注重要地理坐标（白帝城、玉门关等），用不同颜色标注诗歌意象（自然 / 人文景观）。
【探究活动 2】地理诗人对话（20 分钟）
角色扮演：地理学家 VS 诗人
李白组讨论："千里江陵一日还"的水文条件。

王之涣组分析:"黄河远上白云间"的地质演变。
苏轼组实验:用等高线模型还原"远近高低各不同"。
【总结环节】三维诗碑创作(5 分钟)
用地理要素(经纬度、海拔)为古诗制作"地理标签"。
示例:《凉州词》地理坐标卡
纬度:北纬 40°(温带大陆性气候)
海拔:1500 米(河西走廊)
特殊标注:季风区与非季风区分界线

四、评估标准体系

(一)知识掌握维度(40%)

知识	优秀	合格	待改进
地理辨识	准确识别3类以上地理要素	识别基本地理特征	要素识别不全
诗歌理解	深入解读意象的象征意义	理解字面地理描写	停留在字词解释

(二)跨学科思维(40%)

思维能力	优秀	合格	待改进
关联能力	自主建立诗文与地理的多重联系	在引导下建立合理联系	单一维度关联
迁移应用	创新性运用跨学科方法解决问题	正确使用给定分析框架	方法运用一般

(三)表达能力(20%)

技能	优秀	合格	待改进
口头表达	逻辑清晰,术语准确	基本达意,偶有疏漏	表述碎片化
图文转换	创意呈现古诗词与地理的诗意关联	完成规定制图任务	图文对应性弱

五、延伸拓展

数字人文：使用 GIS 标注古诗词中的地理分布情况。
比较阅读：同一地理景观的不同诗词写作状态（如同写长江，李白豪放，杜甫沉郁）。
现实联结：分析古诗词中的地理特征变迁。

课程设计亮点：
双螺旋结构：地理实证与诗意感悟交替推进。
认知脚手架：从具象地图到抽象思维的渐进引导。
评价创新：突破单科评价的传统框架，设置跨学科考核新标准。
建议教具：可擦写中国地形图，诗词地理信息图（电子版），山体等高线模型教具。古代航运路线的动画演示。

以上设计兼顾语文、地理学科知识与核心思维能力培养，在诗情画意中建构空间认知，在地理实证中深化文化理解。

技巧 08　使用DeepSeek设计小学生必背诗词游戏

借助 DeepSeek，可以设计出小学生必背诗词小游戏：单击【开始】按钮，诗词名称会快速滚动显示；单击【暂停】按钮，会随机显示一篇诗词名称，可以抽取一名学生背诵；如果学生无法顺利背诵，单击【查看全文】按钮，会显示诗词内容提示。

借助 DeepSeek 整理诗词内容。例如，在 DeepSeek 对话框中发送以下提示词。

> 请生成人教版小学六年级语文课本中的全部诗词，结果整理为两列，一列为标题，另一列为诗词内容，不要有遗漏。

DeepSeek 生成的内容如图 10-5 所示。

复制 DeepSeek 生成的内容，打开 Excel 文档，单击 A1 单元格后右击，在弹出的快捷菜单中选择粘贴选项为"匹配目标格式"，如图 10-6 所示。粘贴后，A 列是文件名，B 列是诗词内容。

以下是人教版小学六年级语文课本中的诗词整理（基于现行教材版本，可能存在地区版本差异）：

标题	诗词内容
宿建德江（唐·孟浩然）	移舟泊烟渚，日暮客愁新。野旷天低树，江清月近人。
六月二十七日望湖楼醉书（宋·苏轼）	黑云翻墨未遮山，白雨跳珠乱入船。卷地风来忽吹散，望湖楼下水如天。
西江月·夜行黄沙道中（宋·辛弃疾）	明月别枝惊鹊，清风半夜鸣蝉。稻花香里说丰年，听取蛙声一片。七八个星天外，两三点雨山前。旧时茅店社林边，路转溪桥忽见。
过故人庄（唐·孟浩然）	故人具鸡黍，邀我至田家。绿树村边合，青山郭外斜。开轩面场圃，把酒话桑麻。待到重阳日，还来就菊花。
七律·长征（毛泽东）	红军不怕远征难，万水千山只等闲。五岭逶迤腾细浪，乌蒙磅礴走泥丸。金沙水拍云崖暖，大渡桥横铁索寒。更喜岷山千里雪，三军过后尽开颜。
春日（宋·朱熹）	胜日寻芳泗水滨，无边光景一时新。等闲识得东风面，万紫千红总是春。

图 10-5 人教版小学六年级诗词（部分）

图 10-6 Excel 中的粘贴选项

按 <Ctrl+S> 组合键保存 Excel 文档。

在 DeepSeek 对话框中发送以下提示词，要求 DeepSeek 生成小游戏的 HTML 代码。

请生成一个小学生必背诗词转盘游戏的 HTML 代码，要求如下。

1. 单击【导入内容】按钮，可导入 Excel 文件，Excel 文件中，A 列为诗词名称，B 列为诗词内容。

2. 单击【开始】按钮，开始随机滚动诗词名称；单击【暂停】按钮，诗词名称停止滚动，【暂停】变成【继续】；单击【继续】按钮，诗词名称继续滚动。

3. 在【暂停】按钮处于选中状态时显示【查看全文】按钮，单击可显示对应诗词的完整内容。

4. 背景带卡通元素。

DeepSeek 生成的部分 HTML 游戏代码如图 10-7 所示。

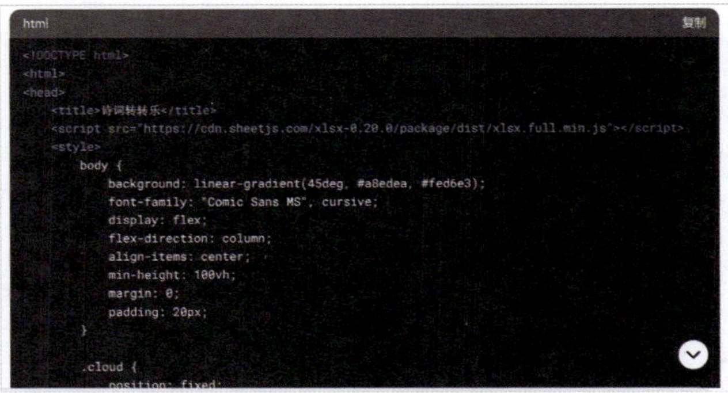

图 10-7 DeepSeek 生成的 HTML 游戏代码（部分）

单击代码框右下角的【运行 HTML】按钮，在游戏预览窗口单击【导入内容】按钮，打开存放诗词的 Excel 文件。单击【开始】按钮，即可开始滚动显示诗词名称；单击【暂停】按钮后出现【查看原文】按钮，效果如图 10-8 所示。

图 10-8 "诗词转转乐"小游戏

复制代码，粘贴到新建文本文档中保存，将文本文档的扩展名改成 .html 即可。

技巧 09　使用DeepSeek按学科生成模拟试卷

作为学生家长，可以借助 DeepSeek 生成指定年级、学科、阶段的模拟试卷，让孩子进行测试。

例如，在 DeepSeek 对话框中发送以下提示词。

> 你是一位优秀的小学语文老师，请以人教版小学四年级上册《语文》为依据，生成一份期中考试试卷，题目类型包括基础知识运用、课内外阅读、综合实践和习作，难度符合小学四年级学生的平均能力。总分 100 分，每道题目后显示分值。

DeepSeek 生成的部分试卷如图 10-9 所示。

图 10-9　小学语文试卷（部分）

试卷内容符合人教版教材的特点，覆盖修辞手法、词语理解、写作能力等重点知识，题目表述清晰，便于学生理解题意，能有效检测学生的学习情况，帮助老师和家长进行学生的学习水平评估。

05 第5篇 智享生活：
健康管理与出行规划系统

  本篇详解 DeepSeek 如何实现"健康—出行"场景的智能联动。从医学检查指南生成、个性化食谱设计、检验报告解读，到动态健身方案制定、旅行路线优化，DeepSeek 基于体征数据与行为特征建立预测模型，既能提升诊疗效率，又能通过交通/住宿资源智能匹配降低旅行成本，构建"预防—干预—体验"的全场景生活服务闭环。

第 11 章 智享生活：健康管理与出行规划

通过完成深度学习与对应领域知识的深度融合，DeepSeek 正在推动健康管理与行程规划从被动响应向主动规划进化，构建真正意义上的"以人为中心"的智能服务生态体系。

本章的主要内容

- ◆ 技巧 1 生成就诊检查注意事项
- ◆ 技巧 2 设计健康食谱
- ◆ 技巧 3 解读医学检验报告单

……

技巧 01 生成就诊检查注意事项

就诊检查前，如果对流程不熟悉，可以借助 DeepSeek 提前做准备，避免检查当天出现问题。例如，在 DeepSeek 对话框中发送以下提示词。

> 你是一位内科医生，请详细列出胃镜检查前一天的注意事项，包括饮食、着装、需要准备的文件或资料等。

DeepSeek 生成的胃镜检查前一天的注意事项如下。

一、饮食管理
禁食时间：检查前一晚 22:00 后禁食（包括固体食物、饮料），若为次日上午检查，则需要严格空腹。
禁食食物：检查前一天晚禁食高纤维、难消化食物（如粗粮、肉类、坚果）。禁食易染色食物（如红色火龙果、西瓜等）。
允许饮食（检查前 12 小时内）：少量透明流食（如白开水、清汤、米汤）。糖尿病患者可遵医嘱少量饮用糖水，预防低血糖。
二、着装要求
选择宽松、易穿脱的衣物（避免穿着连体衣、紧身衣）。取下所有首饰、手表、假牙、隐形眼镜（检查时需要摘除）。建议穿低领或无领上衣，方便检查。
三、文件与资料准备
携带证件与文件：身份证、医保卡、检查预约单。
病历资料：既往胃镜/病理报告、近期化验单（如血常规、凝血功能）。
药物清单：列出长期服用的药物。
四、药物管理
抗凝药、抗血小板药：需要提前 3～5 天遵医嘱停药。
降压药、心脏病药：检查当日晨可饮少量水送服（提前与医生确认）。
降糖药/胰岛素：检查当日停药，避免空腹低血糖。
五、其他事项
检查前禁止吸烟、饮酒。
若需要麻醉（无痛胃镜），应有家属陪同。

提前到达医院（建议比预约时间早 30 分钟）。放松心情，避免过度紧张。
具体以医生要求为准，如有特殊疾病（如糖尿病、心脏病），需要提前沟通！

以上建议包含饮食、着装、文件准备、药物管理及其他注意事项，各方面细分了具体注意事项，整体逻辑清晰，可尽量避免在检查当天出现意外情况。

技巧 02 设计健康食谱

借助 DeepSeek，能够设计出符合个性化需求的健康食谱。例如，希望通过饮食控制糖尿病患者的血糖值时，可以在 DeepSeek 对话框中发送以下提示词。

> 请为 2 型糖尿病患者设计一周低升糖指数的食谱，关注优质蛋白和健康脂肪的搭配，帮助患者稳定血糖，包含早、中、晚三餐，要标注热量和升糖指数。

DeepSeek 生成的健康食谱如下。

以下是为 2 型糖尿病患者设计的一周低升糖指数（GI）食谱，关注优质蛋白和健康脂肪搭配，帮助患者稳定血糖。每餐标注热量和升糖指数范围（GI 值基于主要食材综合计算得出）。

周一

早餐：菠菜鸡蛋燕麦粥

燕麦片 50g+ 水煮蛋 1 个 + 菠菜 100g+ 亚麻籽 5g

热量：320kcal | GI：约 40

午餐：香煎三文鱼糙米饭

三文鱼 150g（橄榄油煎）+ 糙米 80g+ 西兰花 150g

热量：580kcal | GI：约 35

晚餐：豆腐蔬菜杂烩

嫩豆腐 200g+ 番茄 1 个 + 洋葱 50g+ 蘑菇 80g（橄榄油炒）

热量：380kcal | GI：约 25

周二

早餐：希腊酸奶坚果碗

无糖希腊酸奶 150g+ 蓝莓 50g+ 核桃 15g+ 奇亚籽 5g

热量:280kcal|GI:约 30

午餐:鸡胸肉沙拉

烤鸡胸肉 120g+ 生菜 150g+ 牛油果 50g+ 油醋汁

热量:450kcal|GI:约 20

晚餐:藜麦炒虾仁

藜麦 60g+ 虾仁 100g+ 芦笋 100g(椰子油炒)

热量:420kcal|GI:约 40

周三

早餐:全麦吐司配牛油果

全麦吐司 2 片 + 牛油果 1/4 个 + 水煮蛋 1 个

热量:350kcal|GI:约 35

午餐:鹰嘴豆南瓜汤

鹰嘴豆 80g+ 南瓜 150g(低脂牛奶煮)+ 羽衣甘蓝 50g

热量:400kcal|GI:约 25

晚餐:清蒸鳕鱼配杂蔬

鳕鱼 150g(清蒸)+ 胡萝卜 50g+ 荷兰豆 100g+ 橄榄油 5g

热量:390kcal|GI:约 20

周四

早餐:奇亚籽布丁

奇亚籽 20g+ 无糖杏仁奶 200ml+ 草莓 50g+ 杏仁片 10g

热量:250kcal|GI:约 30

午餐:牛肉藜麦饭

瘦牛肉 100g(少油炒)+ 藜麦 60g+ 彩椒 100g

热量:520kcal|GI:约 40

晚餐:烤鸡腿配羽衣甘蓝

去皮鸡腿 1 只(烤)+ 羽衣甘蓝 200g(橄榄油烤)+ 红薯 50g

热量:480kcal|GI:约 45

周五

早餐:蔬菜鸡蛋卷

全麦卷饼 1 张 + 鸡蛋 1 个 + 菠菜 50g+ 低脂奶酪 10g

热量：310kcal | GI：约 35

午餐：金枪鱼糙米沙拉

水浸金枪鱼 100g+ 糙米 60g+ 黄瓜 50g+ 橄榄油 5g

热量：430kcal | GI：约 30

晚餐：蒜蓉蒸茄子豆腐

茄子 150g（蒸）+ 北豆腐 100g+ 蒜蓉酱（少油）

热量：280kcal | GI：约 25

周六

早餐：花生酱香蕉燕麦杯

燕麦片 40g（无糖）+ 无糖酸奶 100g+ 香蕉 1/4 根 + 花生酱 5g

热量：290kcal | GI：约 40

午餐：虾仁荞麦面

荞麦面 70g+ 虾仁 80g+ 芥蓝 150g

热量：470kcal | GI：约 35

晚餐：烤蔬菜鸡肉串

鸡胸肉 100g（烤）+ 彩椒 80g+ 洋葱 50g（橄榄油烤）

热量：350kcal | GI：约 25

周日

早餐：西葫芦鸡蛋饼

西葫芦 100g（擦丝）+ 鸡蛋 1 个 + 全麦粉 20g（少油煎）

热量：270kcal | GI：约 30

午餐：羊肉炖扁豆

瘦羊肉 80g+ 扁豆 100g+ 番茄 100g

热量：490kcal | GI：约 35

晚餐：凉拌魔芋丝

魔芋丝 150g+ 鸡丝 50g+ 黄瓜丝 50g+ 芝麻酱 5g

热量：240kcal | GI：约 20

设计原则：

低 GI 碳水：以糙米、藜麦、燕麦、全麦制品为主，控制每餐碳水为 30～50g。

优质蛋白：每餐包含 15～25g 蛋白质（鱼、鸡胸肉、豆腐、鸡蛋）。

健康脂肪：由橄榄油、坚果、牛油果、深海鱼类提供 Omega-3。

膳食纤维：每餐搭配 150 ～ 200g 非淀粉类蔬菜（西兰花、菠菜、芦笋等）。
注意事项：
总热量按每日 1500 ～ 1800kcal 设计，可依个人活动量调整。
避免添加糖、精制米面及高 GI 水果（如西瓜、菠萝）。
建议搭配餐后散步 15 分钟，以便进一步稳定血糖。
可根据口味替换同类低 GI 食材（如将扁豆换成鹰嘴豆），并定期监测血糖、及时调整饮食。

以上食谱符合 2 型糖尿病患者的饮食需求，如控制碳水化合物总量、选择优质碳水、足够的蛋白质、健康脂肪、丰富的膳食纤维及低盐低糖等。

技巧 03　解读医学检验报告单

借助 DeepSeek 对医学检验报告单上的专业术语进行解读，普通人也能轻松了解检验报告单中的信息。

如图 11-1 所示，是一份四维彩超医学报告单。借助 DeepSeek 进行解读，可以了解胎儿的发育情况。

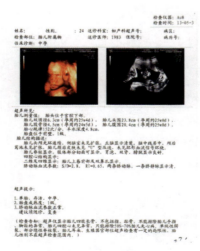

图 11-1　四维彩超报告单

在 DeepSeek 对话框中发送以下提示词。

> 你是一位有多年临床经验的孕产医学专家，请帮我解读一下这份四维彩超报告单，患者年龄 24 岁，孕 25 周。

DeepSeek 的解读如下。

1. 胎儿发育情况
双顶径（BPD）：6.3cm（对应孕周 25 周 4 天）；
头围（HC）：23.8cm（对应孕周 25 周 0 天）；
腹围（AC）：20.4cm（对应孕周 25 周 0 天）。
以上数据均在正常范围内，提示胎儿大小与孕周相符。
胎心率：152 次 / 分（正常范围 110 ～ 160 次 / 分），规律，无异常。
羊水深度：4.8 cm（正常范围 3 ～ 8 cm），羊水量正常。
胎盘：位于前壁，成熟度 1 级（正常），功能良好。
2. 胎儿结构筛查
头颅 / 脑部：头颅光环连续，侧脑室、丘脑、脑中线均正常，无颅后窝池扩张，无颈后"U"型压迹（排除开放性脊柱裂及唐氏综合征高风险）。
脊柱 / 肢体：脊柱排列正常，四肢长骨可见（指 / 趾骨无法显示，需要注意在出生后观察）。
内脏器官：胃泡、双肾、膀胱显示清晰，提示消化及泌尿系统发育正常。
心脏：四腔心结构正常，未发现明显先天性心脏病（超声仅能排除 50% ～ 70% 先心病，需要关注后续筛查）。
面部：上唇及双鼻孔显示，暂未发现唇裂（完全性腭裂需要出生后进一步检查）。
3. 脐血流及胎盘功能
脐动脉血流参数：S/D=2.8，RI=0.65（正常范围：孕 25 周 S/D ≤ 3.5，RI ≤ 0.75），提示胎盘血流灌注良好。
4. 注意事项及建议
超声局限性：
无法完全排除手指 / 脚趾异常、隐性脊柱裂、单纯性腭裂、生殖器官或耳部畸形。四腔心结构正常不代表完全排除心脏畸形，需要结合后续胎儿心脏超声（如孕晚期）观察。

随访建议：
定期产检，监测胎儿生长状况及胎盘功能变化。
关注胎动变化，若有异常（如胎动减少、腹痛、阴道流血），需要及时就医。
总结
目前的胎儿发育程度与孕周相符，结构筛查未见明显异常，胎盘功能及脐血流正常。建议保持规律产检，均衡营养（补充铁、钙及叶酸），避免过度劳累。如有疑问，可与主治医师进一步沟通后续检查计划。

由以上解读可知，胎儿发育整体正常，但需要定期复查以监测后续发育情况，特别是那些超声检查无法完全覆盖的部分。需要注意，DeepSeek 生成的医学相关解读内容仅供参考，要想获得权威解读需要咨询专业的医师。

技巧 04 量身定制健身计划

借助 DeepSeek，能够根据自身状况定制个性化的健身方案。

例如，在 DeepSeek 对话框中发送以下提示词。

> 你是一位健康与营养专家，请根据我提供的信息，定制一套个性化的家庭健身计划：
> 32 岁，男，身高 176cm，体重 86kg，血脂偏高，饮食口味偏咸，没有食物过敏。每周能坚持 3 天锻炼，喜欢慢跑。

以上提示词中包含年龄、性别、身高、体重、身体状况、饮食习惯、可用于锻炼的时间安排、运动爱好，根据这些信息，DeepSeek 生成的健身计划如下。

> 【运动方案】每周 3 天循环训练（隔天进行）
> * 训练前务必进行 5 分钟动态热身（高抬腿 / 开合跳 / 肩绕环）。
> Day 1 心肺强化日
> 1. 变速慢跑（户外 / 跑步机）
> 0-5 分钟：快走热身（配速 6km/h）。
> 5-25 分钟：间歇跑——3 分钟慢跑（配速 8km/h）+1 分钟快走，循环 5 组。

25-30 分钟：缓步冷身。
2. 下肢力量组合（每组间休息 45 秒）
自重深蹲 4 组 ×15 次（注意膝盖不超过脚尖）。
保加利亚分腿蹲 3 组 ×12 次 / 侧（可用椅子辅助）。
靠墙静蹲 3 组 ×45 秒。

Day 2 核心功能日
1. 低冲击有氧
跳绳 / 原地高抬腿 20 分钟（可分 4 组完成）。
2. 核心特训（循环 3 轮）
平板支撑 45 秒→侧平板支撑每侧 30 秒→鸟狗式 15 次→死虫式 20 次。
3. 平衡训练
单腿站立接物，每侧 2 分钟（可用枕头增加难度）。

Day 3 全身激活日
1. 阶梯式慢跑
持续匀速跑 30 分钟，配速 7.5～8km/h，可用心率带监测心率，心率最好保持在 (220- 年龄)×70% 左右。
2. 复合训练（循环 4 组）：
俯卧撑（可跪姿）12 次→仰卧臀桥 20 次→登山跑 30 秒→弹力带划船 15 次。

【饮食优化方案】
关键策略：三减三增（减钠、减脂、减精碳；增纤维、增优质蛋白、增 ω-3）。
控盐行动：改用限量盐勺（每日 <5g），用柠檬汁 / 黑胡椒 / 姜黄调味。
避免摄入隐形高钠食品：腌制品、挂面、即食麦片。
饮水建议：每日至少 2000mL，运动时每 20 分钟补充 150mL 水。
健康监测：
每周固定时间测晨起体重 / 腰围。
每 8 周检测血脂四项（重点关注 LDL-C 和 TG 变化）。
使用运动 App 记录配速和心率变化趋势。
注意事项：
若运动后出现持续 30 分钟以上的头晕或胸闷，应暂停并就医检查。
前两周可能出现肌肉酸痛，属正常现象，可用泡沫轴放松、缓解。
如遇雨天，可替换为室内 HIIT 训练（开合跳 + 深蹲推举组合）。

以上健身计划兼顾科学性和可操作性，分为运动方案和饮食优化两部分，如果有时间限制或者偏好，可以继续进行个性化的完善和调整。

技巧 05 规划旅游行程

DeepSeek 能够根据用户的偏好，结合目的地景点、交通、住宿等要求，进行多维度分析，生成旅游行程规划。

例如，在 DeepSeek 对话框中发送以下提示词。

> 今年劳动节，我和爱人准备去青岛旅游两天。我们年纪大了，不能太累，预算是 2000 元以内。请帮我们做行程规划，要包括景点、交通、餐饮住宿等项目。

DeepSeek 生成的行程规划如下。

第一天：老城区经典游
上午
栈桥（免费）：青岛地标，清晨人少，适合散步、拍照，步行至回澜阁感受海风。
交通：打车至栈桥（市区内约 10 元）。
天主教堂（浙江路）（外观免费）：从栈桥步行 15 分钟可达，哥特式建筑适合拍照，周边有文艺市集可逛。
中午
午餐：九龙餐厅（人均 60 元），老字号，推荐辣炒蛤蜊、蚝油扇贝，避开景区高价海鲜。
下午
信号山公园（门票 5 元 / 人，旋转观景台 10 元 / 人）：步行 10 分钟上山，360°俯瞰红瓦绿树的老城区全景，体力消耗小。
八大关景区（免费，公主楼 + 花石楼联票 40 元 / 人）：打车约 15 元，漫步万国建筑群，推荐游览韶关路、居庸关路，顺路至第二海水浴场踩沙。
傍晚
五四广场→奥帆中心（免费）：打车约 20 元，看夕阳下的帆船海景，晚 7:30 奥帆灯光秀（五一期间通常有）。
住宿：市南区快捷酒店（如汉庭栈桥店，约 350 元 / 晚，提前预订享优惠）。

第二天：滨海文艺休闲游
上午
青岛啤酒博物馆（A 馆 +B 馆联票 60 元 / 人）：打车约 15 元，赠送原浆啤酒体验，了解青岛啤酒历史（游玩 1.5 小时）。
小鱼山公园（门票 5 元 / 人）：步行 10 分钟登顶，俯瞰第一海水浴场，比信号山人少，更清静。
中午
午餐：船歌鱼水饺（万象城店，人均 80 元）：必点墨鱼水饺、鲅鱼水饺，连锁店品质稳定。
下午
鲁迅公园→小青岛（联票 10 元 / 人）：沿海步道散步，琴屿路咖啡馆小憩（推荐"风陵渡口"，看海、喝咖啡）。
备选：
体力好可打车至崂山仰口景区（门票 90 元 / 人，索道单程 35 元），乘缆车上山，俯瞰山海奇观。
晚餐：开海红岛海鲜（人均 150 元）：本地人常去，明码标价，推荐虾水饺、蒸海鲜拼盘。
住宿：同第一天酒店（续住约 350 元）。
总预算清单
住宿：350×2=700（元）。
餐饮：60×2+80×2+150×2=580（元）（含小吃预留）。
交通：市内打车 + 公交 ≈ 200 元。
门票：每人 5+10+60+5+10=90（元），两人共计 180 元。
其他：零食 / 纪念品预留 200 元。
总计约 1860 元，剩余预算可灵活调整餐饮或升级住宿。
贴心提示
避坑指南：栈桥附近多流动摊贩，谨慎购物；吃海鲜时先问清价格再点单。

> 舒适装备：带轻便外套（海边风大）、舒适运动鞋、备折叠凳供休息。
> 预约提醒：啤酒博物馆、崂山建议提前1天在官方平台购票。
> 错峰技巧：早8点前/午饭后1小时内游览热门景点，避开人流。
> 祝您和爱人在青岛度过一段轻松浪漫的海滨时光！

以上行程规划充分考虑中老年游客的体力特点，不仅轻松省力、预算可控，还给出了住宿和交通接驳方案，缺点是缺乏第一天晚餐建议，可继续提问或自行选择餐厅。

06 第6篇 百花齐放：
国产 AI 大模型

当前，我国人工智能大模型领域呈现百花齐放的发展态势，多家科技企业相继推出具有自主知识产权的创新成果。除了 DeepSeek，值得关注的国产大模型还包括豆包、Kimi、文心一言、通义千问、智谱清言、讯飞星火等，它们正在全球 AI 竞赛中构建独具特色的技术生态体系。

第12章 国产 AI 新势力：应用案例集锦

本章介绍通义千问、秘塔 AI 搜索这两个国产优秀 AI 大模型的部分典型应用。

通义千问的实时记录功能能够将语音直接转换为不同语言的文字记录并生成总结和摘要，用户能够快速从音视频资料中提炼关键信息。

秘塔 AI 搜索聚焦垂直领域，能够通过公开渠道自动检索第三方网页的链接或在用户自行上传的内容中进行自动检索，基于相关链接、文档的内容生成回答，帮助用户快速获取检索结果。

本章的主要内容

- ◆ 技巧 1 使用通义千问实时记录会议内容
- ◆ 技巧 2 使用通义千问将音视频内容转为文字、总结和脑图
- ◆ 技巧 3 使用通义千问快速转换图片和 PDF 文档

……

第 12 章 国产 AI 新势力：应用案例集锦

技巧 01　使用通义千问实时记录会议内容

通义千问的实时记录功能支持先在会议进行过程中通过麦克风接收语音，再直接将语音转为文字，并自动总结会议要点，生成脑图，让会议内容的记录和整理变得非常简单。

打开通义千问官网，单击【实时记录】按钮，如图 12-1 所示。

图 12-1　通义千问首页

在弹出的【通义实时记录】对话框中选择音频语言及是否自动区分发言人。单击【翻译】下拉按钮，可以自行选择在中文、英文、日文之间互译。本例设置音频语音为"中文"、（是否）翻译为"不翻译"、（是否）区分发言人为"智能区分"，设置完成后单击【开始录音】按钮，如图 12-2 所示。

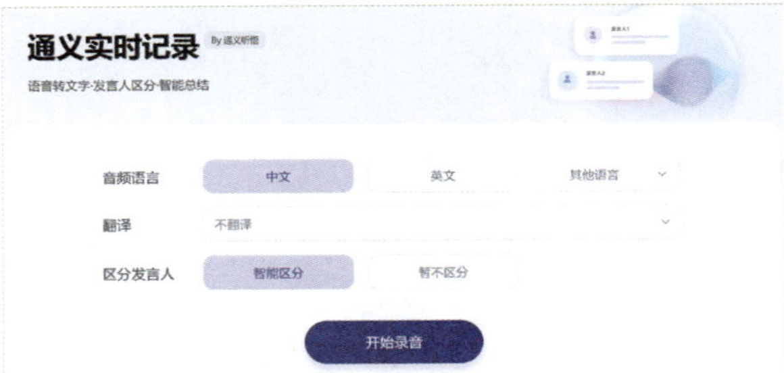

图 12-2　音频设置

会议语音实时转为文字的效果如图 12-3 所示。会议结束后单击页面底部的停止录音按钮。

图 12-3　语音实时转为文字

此时，页面右侧会自动显示导读、脑图和笔记 3 个选项卡。在导读选项卡下，有自动整理出的本次会议的关键词、全文概要、章节速览、发言总结和重点回顾，如图 12-4 所示。

第 12 章 国产 AI 新势力：应用案例集锦

图 12-4　转换后的会议记录

在【脑图】选项卡下，有根据会议内容自动生成的脑图，如图 12-5 所示。

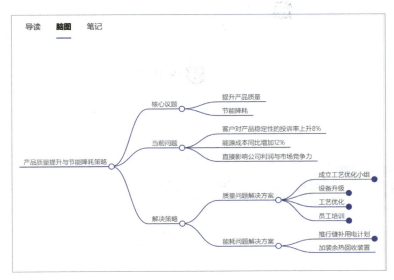

图 12-5　自动生成的脑图

切换到【笔记】选项卡，用户可以根据需要自行添加笔记，如图 12-6 所示。

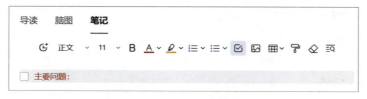

图 12-6　简洁的笔记界面

会议结束后，可对自动转换成文字的会议记录进行整理，使会议记录工整、准确，从而生成更高质量的脑图。单击页面右上角的【导出】按钮，即可根据需要导出原文、导读、音视频、脑图、笔记等项目，如图 12-7 所示。

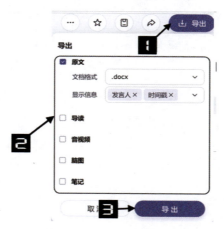

图 12-7　导出会议记录

使用通义千问将音视频内容转为文字、总结和脑图

使用通义千问的【音视频速读】功能，可以将音视频中的语音快速转换为不同语种的文字内容，目前支持的语种包括中文、英文和日语。此外，使用该功能，还能自动将音视频中的语音转为文字总结。

第 12 章 国产 AI 新势力：应用案例集锦

在通义千问首页左侧的任务窗格中单击【效率】按钮后，单击【音视频速读】按钮，如图 12-8 所示。

图 12-8　音视频速读

在弹出的【音视频速读】对话框左侧单击上传文件，一次最多可以上传 50 个音视频文件。在对话框右侧完成音视频语言、（是否）翻译、（是否）区分发言人等设置后，单击【确认】按钮，如图 12-9 所示。

图 12-9　音视频速读设置

添加音视频文件后，会弹出如图 12-10 所示的提示。

图 12-10 任务添加成功提示

在页面底部的【最近记录】列表中单击音视频文件名，如图 12-11 所示，进入【语音转文字】界面。

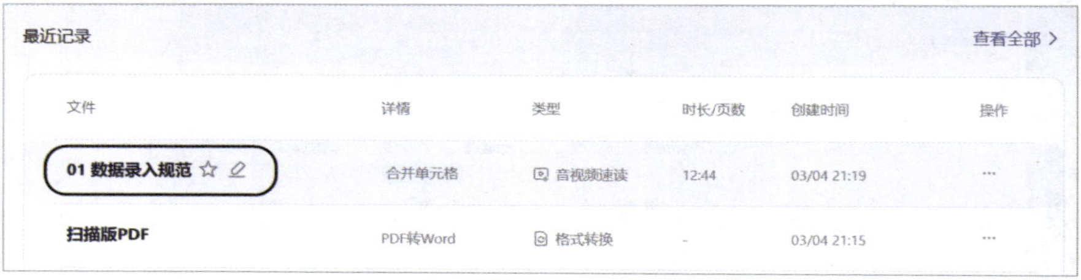

图 12-11 最近记录列表

在【语音转文字】对话框中，左侧是播放界面和自动生成的文字，右侧是【导读】【脑图】和【笔记】3 个选项卡，【导读】选项卡包含关键词、全文概要、章节速览、发言总结、重点回顾和提取 PPT 选项，如图 12-12 所示。语音转换成的文字有时会存在部分识别错误，后续进行编辑修改即可。

图 12-12 音视频转文字

进入【提取 PPT】选项卡，可以基于自动整理的关键主题对视频进行截图，如图 12-13 所示。

第 12 章 国产 AI 新势力：应用案例集锦

图 12-13 根据视频内容提取的 PPT 预览

根据需要对通义千问识别出的文字进行编辑整理，确保准确无误后，单击页面右上角的【导出】按钮，即可根据需要导出项目。

技巧 03 使用通义千问快速转换图片和PDF文档

借助通义千问，能够快速将图片及 PDF 文档（包括扫描版 PDF 文档）快速转换为 Word 文档、Excel 表格，或者快速将 PDF 文档转换为图片、将图片转换为 PDF 文档。

如图 12-14 所示，是一份扫描版的 PDF 文档。借助通义千问，可以快速将其转换为可编辑的 Word 文档。

图 12-14 扫描版的 PDF 文档

进入通义千问首页,在左侧的任务窗格中单击【效率】按钮后,单击【格式转换】命令,如图 12-15 所示。

图 12-15　格式转换

在弹出的【格式转换】对话框中单击 PDF 图标后选择目标 PDF 文档，或者拖动目标 PDF 文档到该区域上传，如图 12-16 所示。

图 12-16　上传文件

选择要转换的格式类型后单击【确定】按钮，如图 12-17 所示。

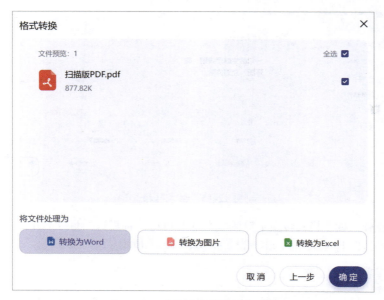

图 12-17　选择要转换的格式类型

任务添加成功后，会弹出如图 12-18 所示的提示。

图 12-18　任务添加成功

在页面底部的【最近记录】列表中，将光标悬停在任务名称右侧的操作按钮上，在浮动菜单中选择【导出】命令，如图 12-19 所示。

图 12-19　导出文件

转换后的 Word 文档最大程度地保留了 PDF 文档中的版式，效果如图 12-20 所示，此时可对转换后的文档进行编辑，删除多余的空格、修正格式和文字错误。

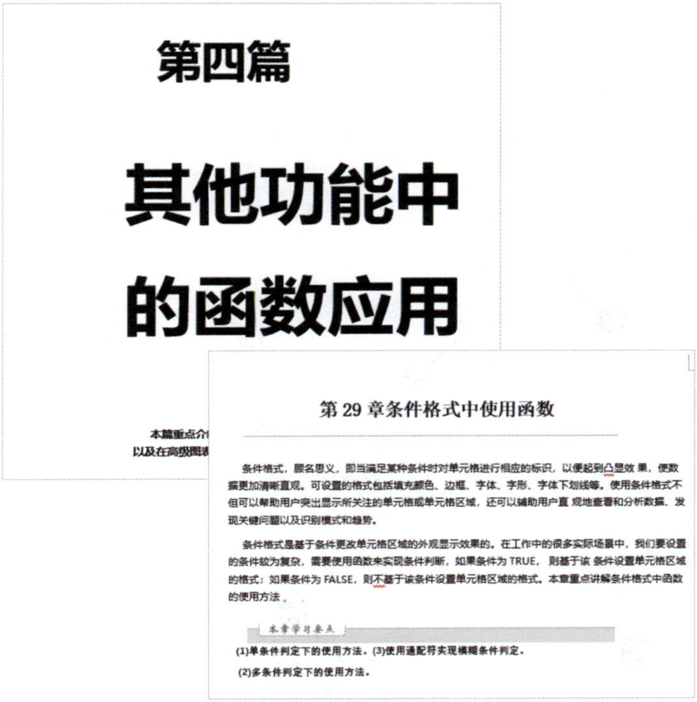

第四篇

其他功能中的函数应用

本篇重点介

以及在高级图表

第 29 章条件格式中使用函数

条件格式，顾名思义，即当满足某种条件时对单元格进行相应的标识，以便起到凸显效 果，使数据更加清晰直观。可设置的格式包括填充颜色、边框、字体、字形、字体下划线等。使用条件格式不但可以帮助用户突出显示所关注的单元格或单元格区域，还可以辅助用户直 观地查看和分析数据、发现关键问题以及识别模式和趋势。

条件格式是基于条件更改单元格区域的外观显示效果的。在工作中的很多实际场景中，我们要设置的条件较为复杂，需要使用函数来实现条件判断，如果条件为 TRUE，则基于该 条件设置单元格区域的格式；如果条件为 FALSE，则不基于该条件设置单元格区域的格式。本章重点讲解条件格式中函数的使用方法。

本章学习要点

(1)单条件判定下的使用方法。(3)使用通配符实现模糊条件判定。

(2)多条件判定下的使用方法。

图 12-20　转换后的 Word 文档

技巧 04 使用秘塔AI搜索查询专业问题

秘塔 AI 搜索有简洁、深入和研究 3 种搜索强度，以及全网、学术、文库、播客等多种搜索范围，能够满足不同用户的信息检索需求。

在秘塔 AI 搜索中，使用简洁模式能获得最快的回答，使用研究模式能索引最全、最广的信息来源，深入模式的使用效果介于两者之间。

用户在处理对时效性、准确性要求较高的法律、金融、科研等信息时，可优先选用秘塔 AI 搜索；而在创意生成、通用对话等场景中，使用其他 AI 大模型效果更好。这种垂直领域与通用能力的差异化定位，构成了当前 AI 工具选择的典型范式。

以搜索大豆深加工行业的专业学术问题为例。

进入秘塔 AI 搜索首页,单击对话框左侧的搜索范围按钮,在扩展菜单中选择【学术】→【中文库】命令(使用此选项能够聚焦专业信息来源,获得规范格式的参考文献),将搜索强度设置为【深入】,如图 12-21 所示。

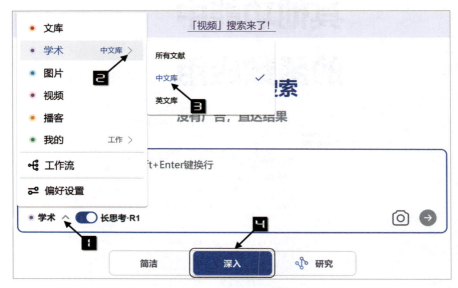

图 12-21　设置搜索范围和搜索强度

在对话框中发送以下关键词。

大豆深加工行业。

秘塔 AI 搜索会根据关键词进行搜索,返回包括行业发展现状、主要挑战与问题、加工技术与产品创新、政策与产业调控、未来发展展望等多方面的综合分析,信息来源广泛且标注来源链接,支持追溯验证。

如图 12-22 所示,搜索结果中的参考文献部分有序号标记,将光标移动到序号上方时,页面右侧会显示文献来源。

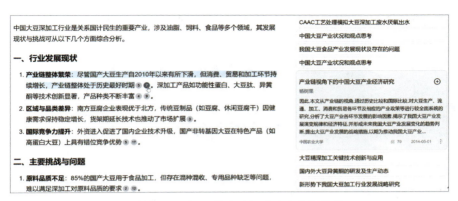

图 12-22 秘塔 AI 搜索返回的综合分析结果

在分析结果底部,不仅可选择继续追问或者导出为 Word、PDF,还可选择将结果导出到写作猫中进行编辑,如图 12-23 所示。

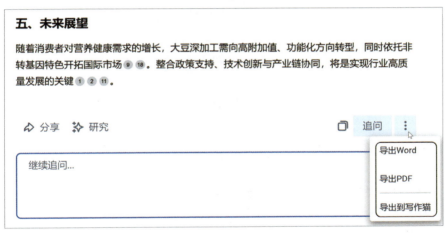

图 12-23 导出搜索结果

技巧 05　使用秘塔AI搜索快速生成报告

秘塔 AI 搜索支持根据用户提供的信息快速生成模式化报告。

以生成业务经营周报为例。单击对话框左侧的搜索范围按钮，在扩展菜单中选择【工作流】命令，如图 12-24 所示。

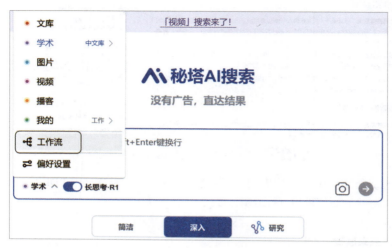

图 12-24　秘塔 AI 搜索设置

在弹出的【工作流】界面中选择报告类型，如图 12-25 所示。

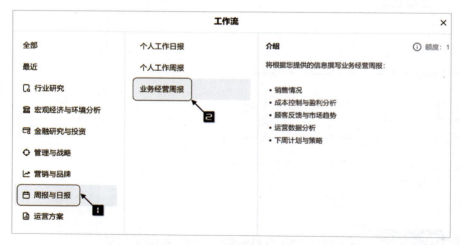

图 12-25　选择报告类型

输入业务名称和 200 字以内的业务概况后，单击【确定】按钮，如图 12-26 所示。

图 12-26　输入业务名称和业务概况

秘塔 AI 搜索生成的模式化工作报告如图 12-27 所示。

一、销售情况

本周,远方公司实现销售收入1.468亿元,较上周有所增长。在加工原料方面,我们完成了3790吨的加工任务,但仅完成了计划指标的76.88%。生产成品3010吨,与上周相比略有下降。累计采购原料3599吨,其中进口原料2830吨,采购成本控制得当,为后续生产提供了稳定的原材料供应。

二、成本控制与盈利分析

在成本控制方面,我们取得了显著成效。电耗同比节约0.11度/吨料,煤耗同比节约0.86 kg/吨料,五金消耗同比节约0.16元/吨料。这些数据表明,我们在能源和材料使用上进行了有效的优化,降低了生产成本。通过成本报表分析,我们发现原材料采购和生产环节的成本控制较为有效,但仍需进一步优化供应链管理,以提高整体盈利能力 ① ② ③ 。

三、顾客反馈与市场趋势

本周,我们通过CRM系统收集了大量顾客反馈,总体满意度较高。顾客对我们的产品质量和服

图 12-27　秘塔 AI 搜索生成的工作报告(部分)

单击报告底部的导出按钮 ⋮，即可在扩展菜单中选择导出类型或将报告导出到写作猫中进行编辑，如图 12-28 所示。

图 12-28　导出报告